mon cher
éclair

mon cher
éclair

mon cher éclair

And Other Beautifu lPastries, including

Cream Puffs, Profiteroles, and Gougeres

閃電泡芙派對

黃金比例 **1:2:3**，
超簡單做出**40**款巴黎人氣甜點

雀芮緹・費瑞拉 Charity Ferreira 著

約瑟夫・德里歐 Joseph De Leo 攝　陳思因 譯

致謝 acknowledgments

寫這本書的過程相當有趣，我尤其幸運能借用好友黛比‧休斯的專業知識，以及無窮盡的耐心，替我嘗過一批又一批巧克力奶油餡，最後終於做出光滑濃郁的餡料。謝謝我所有的試吃員，特別是幾位整夜直到凌晨不斷試吃乳酪泡芙的人（你們一定知道我說的就是你！）。我在此特別要感謝瑪琳‧卡瑪哈塔，以及瑪莉安‧威爾頓，兩位不厭其煩，細心地試吃，給我寶貴的想法、建議。最後要感謝迪倫，謝謝你的熱忱和幫助，還感謝你生日時指定要吃閃電泡芙！

簡介 introduction

假如你從沒烤過閃電泡芙，或者已經荒廢多年，現在可以動手了！你所熟悉的閃電泡芙成功擠進二十一世紀美食行列，還多了許多大膽的新口味，顏色亦更加繽紛。

閃電泡芙以及近親——小圓泡芙、奶油泡芙、乳酪泡芙，都是屬於法式脆皮泡芙，這種麵糊適用於許多法式糕點。烘烤過後，外皮酥脆不硬，中空的內部充滿蛋香，能包覆大量濃郁的奶油內餡。法式脆皮泡芙外表高雅，在家製作卻一點都不難。

我認為保證成功的法式脆皮泡芙材料比例，就和古早味的美式「1、2、3磅蛋糕」相似，十分容易記住：1杯奶油、2杯糖、3杯麵粉。法式脆皮泡芙的材料只有簡單幾樣，只要多試幾次，材料比例便能熟記。如果你喜歡研究廚房科學的話，的確有十幾種微小變素會影響泡芙最後成果，例如空氣濕度，或是烤箱的熱點分佈。如果你只是想要簡單

製作泡芙，那麼好消息來了，你只需要照著幾個簡單步驟，第一次就可以成功。

工具 tools

製作法式脆皮泡芙需要一把厚底長柄深煮鍋，以及一支耐用的木匙。柔軟耐熱的橡膠刮刀也很實用，可以把鍋子裡的麵糊刮乾淨。

製作過程你需要量秤，確保1杯加上2大匙的麵粉等於140克。要是沒有量秤，那就先把麵粉攪鬆，用湯匙把麵粉舀進量杯裡，再把高於杯口的部分抹掉。

你也許在其他書上看過製作泡芙需要桌上型的電動攪拌機，不過我認為用手攪拌即可。除了可以少洗一個攪拌盆之外，泡芙的麵糊

其實也不需要高速攪拌。

閃電泡芙和小圓泡芙的麵糊塑型，使用的是直徑2公分圓形花嘴，填充奶油時也可使用。你可以在廚房用品商店買到拋棄式的擠花袋，也可以把麵糊或奶油裝進有附拉鍊的塑膠袋裡，再剪去一角。

烘烤泡芙需要一些耐用的烤盤，以及鋪在上頭的烘焙紙。出爐的泡芙可以留在烤盤上放涼，但如果你想把泡芙移動到冷卻架也行。

製作柔滑的奶油內餡、檸檬凝乳、果醬，需要一把帶柄的篩網。你可以在廚房用品商店買到，而且你會發現這個工具有多實用！我常常用篩網來撈起煮好的義大利麵，或是從滾水中撈起川燙好的蔬菜。

材料混合 mixing

法式脆皮泡芙的製作方式相當簡單。水和奶油一起煮沸離火，把麵粉、糖和鹽加入，用木匙攪拌至光滑麵團。鍋子重回爐火上，煮約1到2分鐘，讓水分蒸發。接著鍋子再度離火，放涼5分鐘才能加蛋。

許多人對加入蛋液的步驟感到恐懼，因為加入第一顆蛋開始攪拌後，整個麵團會分離成小塊，但這絕對不是做壞了！請繼續用木匙快速用力攪拌，雞蛋終會均勻融入。一次只能加入一顆蛋，四顆蛋都依序加入後，成品會類似濃稠的麵糊或是非常柔軟的麵團。四顆蛋攪拌均勻後，再快速用力攪拌幾秒鐘。此階段的攪拌方式，會影響泡芙烘烤時膨脹的程度。蛋混合後再均勻攪拌幾秒鐘，你的閃電泡芙會比法式糕點店賣的細長（指揮棒）形狀泡芙脹大。如果攪拌不足，烤出來的閃電泡芙會和剛擠出的麵糊大小差不多，以致填內餡的空間太小。如果快速用力攪拌多幾秒鐘，閃電泡芙會維持細長型，但會往上膨脹許多——套一句童書《三隻小熊》裡小女孩的話：剛剛好。

請注意，如果你要為一大群人烤泡芙，最好分批混合材料，不要直接把份量加倍，因為材料量愈大，蛋液愈難均勻混合，成果不見得會一致。

塑型 shaping

本書包含閃電泡芙、迷你閃電泡芙、小圓泡芙、奶油泡芙、乳酪泡芙的作法，附有直徑2公分圓形花嘴的中型擠花袋，是能讓泡芙形狀一致的好工具。要是你沒有擠花袋，也可用27x27公分、有拉鍊的密封袋代替，開口有沒有裝上花嘴都不妨礙使用。

把擠花袋一角剪掉，套上花嘴。把袋口像衣領一樣往外翻，用另一隻手拿湯匙舀進麵糊後，把袋口翻回，從上方扭轉袋子封起，把麵糊往下擠向花嘴。使用拉鍊密封袋，也用相同方式拿湯匙舀進麵糊，然後將上方開口

處旋轉封住,再拿剪刀把底下一角12公釐處剪開,如此一來開口便會約直徑2公分。

只要更加用力旋轉袋子上方,便能成功把麵糊擠出花嘴。

閃電泡芙:花嘴和烤盤呈45度,擠出約厚度2公分、長度10公分的長條形。多練習幾次,才能讓每個泡芙形狀一致,不過所有泡芙填滿奶油、抹上糖霜後,都一樣漂亮!

小圓泡芙和乳酪泡芙:花嘴和烤盤呈90度,擠出小石堆一般的圓體。手指沾水,壓下尖起的麵糊,保持圓頂光滑。南瓜珍珠糖泡芙(第85頁)是本書最小的泡芙,直徑約2.5公分。小圓泡芙大小約為直徑4公分;乳酪泡芙比較大一點,約直徑5公分。夾心泡芙,例如夏日布丁泡芙(第79頁)或焦糖香蕉冰淇淋泡芙(第81頁),直徑約為6公分。

烘烤 baking

烤箱設定在200度,烤15分鐘,接著調降到190度,再烤15分鐘。把泡芙從烤箱中拿出來,用刀尖沿著底部邊緣刺幾個洞,放入烤箱等10分鐘,讓泡芙內部的蛋液烘乾。

內餡與糖霜 filling and glazing

書裡的每道內餡和糖霜都是我喜愛的組合方式,但你想自己混搭也可以。泡芙最後只需超簡單的一個步驟就能完成,只要準備好奶油餡,沾好糖霜,然後割開泡芙(參照下面說明),一切便準備就緒。

閃電泡芙上頭可以抹上充滿光澤的黑巧克力,或是彩色糖霜,其像翻糖般絲滑的光澤彷彿置身於法式糕點店。你所準備的糖霜必須是溫熱的液狀,質地濃稠,足以在泡芙上形成不透明的薄層。如果你的巧克力液太稀,冷卻幾分鐘再使用;如果太稠,放入微波爐加熱,或是在爐子上隔水加熱,過程必須仔細攪拌。糖粉做的糖霜如果太稀,可以多加一點糖粉;太稠的話,加幾滴熱水攪拌均勻。通常只要把泡芙沾上糖霜即可,如果想更精緻一點,可以用擠花袋擠出圖樣。

至於填內餡則有兩種方式。

最簡單的一種,就是用銳利的鋸齒刀,把閃電泡芙水平切成兩半,用湯匙或擠花袋把內餡填到下半部的泡芙裡。把上半部的泡芙外層沾裹糖霜,等待過多的糖霜滴落,再組合兩片泡芙即可。

如果想讓泡芙精緻一點,可以保留全貌,奶油改成從兩端注入。用尖銳刀子在兩端靠近底部的地方挖個小洞,把擠花袋裝上小型圓花嘴,裝滿奶油內餡,從其中一邊擠入,感覺內餡填滿一半空間後停止。你可以從手上泡芙的重量來判斷,或者用手輕壓泡芙中間,檢查奶油內餡是否已達一半。另一邊的

小洞也用相同方式擠入，完成後閃電泡芙便完全充滿內餡。把泡芙上層沾上糖霜，過多的量滴回碗中。

無論選擇哪種方式，請重複每個步驟，把所有閃電泡芙填滿內餡、沾上糖霜。如果要立即食用，先把泡芙直接放進冰箱，冷藏幾分鐘，等糖霜凝固。如果要在冰箱存放好幾個小時，先等糖霜凝固後，再用保鮮膜鬆鬆覆蓋。閃電泡芙擠入奶油後，最好在當天食用完畢。打發鮮奶油，例如能多益榛果醬奶油（第23頁）和覆盆子奶油（第33頁），比一般奶油餡更脆弱，所以最好使用湯匙舀進，如果用擠花袋擠出來，體積會削弱，蓬鬆感減少。

保存 storing

烤好尚未擠入奶油的泡芙，可以冷凍保存一個月。出爐後完全放涼，放入拉鍊保鮮袋中即可。要使用前，先把泡芙（無論解凍與否）放入150度的烤箱中10分鐘，再次加熱。已經填滿奶油、沾上糖霜的泡芙，最好在12小時內吃完。糖霜凝固之後，可以用保鮮膜鬆鬆覆蓋，再放入冷藏，食用前15分鐘從冰箱拿出，以確保最佳風味。

● 材料
中筋麵粉140克
糖2茶匙
海鹽1/2茶匙

水240毫升
無鹽奶油110克，切成小塊
蛋4顆

法式脆皮泡芙基本麵糊
Pâte à Choux

拿一個小碗，把麵粉、糖和鹽攪拌均勻。

把水和無鹽奶油放入中型平底深鍋裡，以中火加熱。待奶油融化後，煮至沸騰，便叫離火。加入麵粉混合物，用木匙快速攪拌，最後呈光滑麵團狀。鍋子重回爐子上，以小火煮1分半至2分鐘，過程需不斷攪拌，以免燒焦。完成後離開爐火，冷卻5分鐘。

加入一顆蛋，用木匙快速攪拌，讓蛋液均勻混合。一開始麵糊會有點分離、結塊，別嚇到了！只要持續攪拌，最終仍會重回光滑的模樣。把剩下的蛋一次一顆加入，混合均勻，便完成了基本麵糊。最後再快速攪拌幾秒鐘，麵糊便可以使用。

變化：巧克力麵糊

巧克力口味的麵糊可以帶出奶油內餡裡不易察覺的風味，或是加強原本就有的巧克力濃度。作法很簡單，只要把糖加量至2大匙，再多加3大匙歐式可可粉（Dutch-process cocoa powder），與麵粉一同混合均勻，其他步驟皆相同。

Éclairs
閃電泡芙

歡迎來到閃電泡芙的美妙世界！

酥脆柔軟交織的泡芙皮，充滿雞蛋和奶油的香味，

裡頭還會填滿柔滑的奶油餡，更別提外層沾上的彩色糖霜。

一旦上癮了，你可能曾為了各種場合，

創造出許多新奇的泡芙口味，到時可別太驚訝。

無論是晚餐聚會、放學後的點心時間、週日家族晚餐，

或是讀書會之夜，泡芙都相當受歡迎。

灑上色彩繽紛的巧克力米，你的泡芙會讓生日蛋糕相形失色。

我還沒見過婚禮上的甜點出現閃電泡芙，

但我想實現的那一天不遠了。

與此同時，書中的梅爾檸檬奶油（第39頁）

和覆盆子奶油（第33頁）也相當適合

婚前派對或是準媽媽派對。

香草籽奶油餡

全脂牛奶600毫升

糖100克

香草籽1/2根

玉米粉3大匙

海鹽1/4茶匙

蛋黃5顆

泡芙麵糊1份（見第13頁）

巧克力糖霜

苦甜或半甜巧克力115克，切碎

無鹽奶油1大匙（約13克）

鮮奶油120毫升

經典閃電泡芙　Classic Éclairs

　　這是最經典的閃電泡芙。酥脆外皮裡填滿濃滑的香草奶油餡，上頭沾上充滿光澤的巧克力糖霜。就讓這個泡芙，成為你進入閃電泡芙廣闊美妙世界的起點！

製作奶油餡：
把網篩放在一個乾淨的碗上，一旁備用。

把牛奶和50克糖放入中型平底深鍋裡，混合均勻。把香草籽刮下加入牛奶中，香草莢也丟進去，中火加熱至糖融化。

拿一個小碗，把剩下的50克糖、玉米粉和鹽混合均勻。放入蛋黃，攪拌均勻備用。

牛奶開始蒸出水汽後，先把120毫升加入蛋黃混合物裡，再把蛋黃混合物倒回鍋裡剩下的牛奶中。（使用橡膠刮刀把碗裡的蛋黃刮乾淨。）轉中小火，持續攪拌4到6分鐘，或是餡料開始變稠、表面開始冒泡。一旦表面開始冒泡，繼續煮1分鐘（記得持續攪拌），然後鍋子離火。

使用橡膠刮刀或是木匙，把奶油餡篩進事先準備的碗中（香草莢請取出）。在表層鋪上保鮮膜，防止乾燥。放置3小時至1天，完全冷卻。

烤箱預熱至攝氏200度/華氏400度，把兩張烤盤鋪上烘焙紙。

把泡芙麵糊裝入附有直徑2公分花嘴的擠花袋裡，花嘴和烤盤呈45度，擠出2公分寬、10公分長的形狀。每個泡芙間隔2.5至4公分。

烤15分鐘後，調降至攝氏190度/華氏375度（烤箱門打開3至5秒，溫度就會下降。如果你是兩張烤盤一起烤，記得要互換位置），再烤15分鐘。

拿一把尖銳刀子，沿著泡芙接近底層處刺一排小洞。把泡芙重新放回烤箱，續烤10分

鐘。出爐後,把泡芙置於室溫冷卻至手能觸摸的溫度。你可以直接放在烤盤上冷卻,或是移動到冷卻架。

製作糖霜:

把巧克力和無鹽奶油放在一個小淺盤,盤子寬度要比泡芙長度寬一點。把鮮奶油放入小型平底深鍋裡,中火加熱至沸騰。把加熱後的鮮奶油倒入巧克力裡,靜置1分鐘,接著攪拌讓巧克力完全融化,所有材料混合均勻。如果糖霜太稀無法立即使用,冷卻1到2分鐘;如果變得太稠了,用微波爐加熱幾秒鐘,或是放在小鍋子上隔水加熱。

奶油餡使用前攪打至濃稠柔滑狀態,然後以下列任一種方式填入閃電泡芙。

把泡芙切成上下兩半,用擠花袋或是湯匙填入內餡——把冷卻後的閃電泡芙水平切成兩半,把附有圓形花嘴的擠花袋放入奶油餡,擠在下半片泡芙上。或者,直接用湯匙舀奶油餡。拿上半片泡芙外層沾糖霜,過量的糖霜請滴回重複使用。組合上下兩片泡芙即可完成。

保留完整的泡芙,擠入奶油餡——用尖銳刀子在兩端靠近底部的地方挖個小洞,把擠花袋裝上小型圓花嘴,裝滿奶油內餡,從其中一邊擠入,感覺內餡填滿一半空間後停止。

你可以從手上泡芙的重量來判斷,或者用手輕壓泡芙中間,檢查奶油內餡是否已達一半。另一邊的小洞也用相同方式擠入,完成後閃電泡芙便完全充滿內餡。把泡芙上層沾上糖霜,過量的糖霜請滴回重複使用。

無論選擇哪種方式,重複至所有閃電泡芙擠滿奶油餡為止。

冷藏10分鐘,讓糖霜凝固,之後可立即食用,或是用保鮮膜稍微覆蓋,冷藏1天。食用前,請退冰15分鐘,風味較佳。

● 材料（約20份）　　巧克力鮮奶油　　　　冰鮮奶油360毫升

泡芙麵糊1份（見第13　　糖粉30克　　　　　　香草精1/2茶匙
頁）
　　　　　　　　　　　可可粉3大匙　　　　巧克力糖霜1份（見第
　　　　　　　　　　　　　　　　　　　　17頁）

雙倍巧克力閃電泡芙 Double Chocolate Éclairs

　　巧克力鮮奶油製作過程很快，成果相當美味。如果你時間充足，想來點更濃郁的口味，內
餡可換成巧克力奶油餡（見第87頁）。想要有些節慶風味的話，我會最後撒上品質好的巧克力
碎片，例如法芙娜（Valrhona）巧克力就能帶來真正的巧克力香氣。

烤箱預熱至攝氏200度/華氏400度，把兩張
烤盤鋪上烘焙紙。

把泡芙麵糊裝入附有直徑2公分花嘴的擠花袋
裡，花嘴和烤盤呈45度，擠出2公分寬、10公
分長的形狀。每個泡芙間隔2.5至4公分。

烤15分鐘後，調降至攝氏190度/華氏375度（烤
箱門打開3至5秒，溫度就會下降。如果你是兩張
烤盤一起烤，記得要互換位置），再烤15分鐘。

拿一把尖銳刀子，沿著泡芙接近底層處刺
一排小洞。把泡芙重新放回烤箱，續烤10分
鐘。出爐後，把泡芙置於室溫冷卻至手能觸
摸的溫度。你可以直接放在烤盤上冷卻，或
是移動到冷卻架。

製作巧克力鮮奶油：
把攪拌盆放入冰箱冷藏幾分鐘。拿一個小碗，
放入糖粉和可可粉攪勻，擱置一旁備用。

在冰過的攪拌盆裡加入鮮奶油，以高速攪打
至拿起打蛋器，尾端呈彎曲狀（濕性發泡）
。加入香草精和糖粉混合物，攪打至拿起打
蛋器，尾端呈挺直狀（乾性發泡）。

把冷卻後的閃電泡芙水平切成兩半，用湯匙
舀起鮮奶油，填在下半片。拿上半片泡芙外
層沾糖霜，過量的糖霜請滴回重複使用。組
合上下兩片泡芙即完成，剩下的泡芙也以相
同步驟完成。

冷藏10分鐘，讓糖霜凝固，之後可立即食
用，或是用保鮮膜稍微覆蓋，冷藏1天。食用
前，請退冰15分鐘，風味較佳。

注意事項：打發鮮奶油比一般奶油餡更脆弱，如果
用擠花袋擠出來，體積會削弱，蓬鬆感減少。所以
如果內餡是打發鮮奶油，最好將閃電泡芙切成上下
兩片，再用湯匙舀進，或是用直徑大的花嘴擠出，
不要使用小型花嘴從兩側洞口擠入的方式。

● 材料（約36份）

摩卡奶油餡

濃縮咖啡粉2茶匙

香草精1茶匙

全脂牛奶600毫升

糖100克

玉米粉3大匙

可可粉2大匙

海鹽1/4茶匙

蛋黃3顆

苦甜或半甜巧克力115克，切碎

泡芙麵糊1份（見第13頁）

巧克力糖霜1份（見第17頁）

迷你摩卡閃電泡芙 Mini Mocha Éclairs

這款閃電泡芙有強烈的濃縮咖啡氣味，小巧的體積很適合當派對食物。如果你想做成一般大小，當然也可以。

製作奶油餡：

把網篩放在一個乾淨的碗上，一旁備用。

拿一個小碗，把濃縮咖啡粉和香草精倒入，攪拌至咖啡粉溶解，放置一旁備用。

把牛奶和50克糖放入中型平底深鍋裡，混合均勻，中火加熱至糖融化。

拿另一個小碗，把剩下的50克糖、玉米粉、可可粉、鹽混合均勻。放入蛋黃，攪拌均勻備用。

牛奶開始冒出水蒸氣後，先把120毫升加入蛋黃混合物裡，再把蛋黃混合物倒回鍋裡剩下的牛奶中。（使用橡膠刮刀把碗裡的蛋黃刮乾淨。）轉中小火，持續攪拌4到6分鐘，或是餡料開始變稠、表面開始冒泡。一旦表面開始冒泡，繼續煮1分鐘（記得持續攪拌），然後鍋子離火。加入切碎的巧克力，攪拌至融化，再加入濃縮咖啡粉混合物。

使用橡膠刮刀或是木匙，把奶油餡篩進事先準備的碗中。在表層鋪上保鮮膜，防止乾燥。放置3小時至1天，完全冷卻。

烤箱預熱至攝氏200度/華氏400度，把兩張烤盤鋪上烘焙紙。

把泡芙麵糊裝入附有直徑2公分花嘴的擠花袋裡，花嘴和烤盤呈45度，擠出2公分寬、5公分長的形狀。每個泡芙間隔2.5至4公分。

烤15分鐘後，調降至攝氏190度/華氏375度（烤箱門打開3至5秒，溫度就會下降。如果你是兩張烤盤一起烤，記得要互換位置），再烤15分鐘。

拿一把尖鋭刀子，沿著泡芙接近底層處刺一排小洞。把泡芙重新放回烤箱，續烤10分鐘。出爐後，把泡芙置於室溫冷卻至手能觸摸的溫度。你可以直接放在烤盤上冷卻，或是移動到冷卻架。

奶油餡使用前攪打至濃稠柔滑狀態，然後以下列任一種方式填入閃電泡芙。

把泡芙切成上下兩半，用擠花袋或是湯匙填入內餡——把冷卻後的閃電泡芙水平切成兩半，把附有圓形花嘴的擠花袋放入奶油餡，擠在下半片泡芙上。或者，直接用湯匙舀奶油餡。拿上半片泡芙外層沾糖霜，過量的糖霜請滴回重複使用。組合上下兩片泡芙即可完成。

保留完整的泡芙，擠入奶油餡——用尖鋭刀子在兩端靠近底部的地方挖個小洞，把擠花袋裝上小型圓花嘴，裝滿奶油內餡，從其中一邊擠入，感覺內餡填滿一半空間後停止。你可以從手上泡芙的重量來判斷，或者用手輕壓泡芙中間，檢查奶油內餡是否已達一半。另一邊的小洞也用相同方式擠入，完成後閃電泡芙便完全充滿內餡。把泡芙上層沾上糖霜，過量的糖霜請滴回重複使用。

無論選擇哪種方式，重複至所有閃電泡芙擠滿奶油餡為止。

冷藏10分鐘，讓糖霜凝固，之後可立即食用，或是用保鮮膜稍微覆蓋，冷藏1天。食用前，請退冰15分鐘，風味較佳。

● 材料（約20份）

泡芙麵糊1份（見第13頁）

榛果可可鮮奶油

能多益榛果可可醬，或是其他牌子榛果可可醬190克，室溫放軟

冰鮮奶油360毫升

海鹽1/4茶匙

榛果可可糖霜

能多益榛果可可醬3大匙

苦甜巧克力60克，切碎

無鹽奶油1大匙（約13克）

鮮奶油120毫升

烤過的榛果30克，切碎（可省略）

能多益榛果可可醬閃電泡芙 Nutella Éclairs

榛果可可鮮奶油口感蓬鬆，作法簡單，還可冷藏存放1天。填入閃電泡芙前，記得要再稍微攪打，讓鮮奶油的結構恢復。

烤箱預熱至攝氏200度/華氏400度，把兩張烤盤鋪上烘焙紙。

把泡芙麵糊裝入附有直徑2公分花嘴的擠花袋裡，花嘴和烤盤呈45度，擠出2公分寬、10公分長的形狀。每個泡芙間隔2.5至4公分。

烤15分鐘後，調降至攝氏190度/華氏375度（烤箱門打開3至5秒，溫度就會下降。如果你是兩張烤盤一起烤，記得要互換位置），再烤15分鐘。

拿一把尖銳刀子，沿著泡芙接近底層處刺一排小洞。把泡芙重新放回烤箱，續烤10分鐘。出爐後，把泡芙置於室溫冷卻至手能觸摸的溫度。你可以直接放在烤盤上冷卻，或是移動到冷卻架。

製作榛果可可鮮奶油：
在中型攪拌盆裡加入榛果可可醬、120毫升鮮奶油、鹽，使用桌上型攪拌機（槳形攪拌棒）或是手持攪拌機，以中速攪打至柔滑狀態。（如果你使用的是桌上型攪拌機，這時要換成球形攪拌棒。）倒入剩卜的鮮奶油，打至尾端挺直。放置一旁備用。

製作糖霜：
把榛果可可醬、巧克力、無鹽奶油放在一個小淺盤，盤子寬度要比泡芙長度寬一點。把鮮奶油放入小型平底深鍋裡，中火加熱至沸騰。把加熱後的鮮奶油倒入巧克力裡，靜置1分鐘，接著攪拌讓巧克力完全融化，所有材料混合均勻。

把冷卻後的閃電泡芙水平切成兩半，用湯匙舀起鮮奶油，填在下半片（見第19頁注意事項）。拿上半片泡芙外層沾糖霜，過量的糖霜請滴回重複使用。組合上下兩片泡芙，並把剩下的泡芙以相同步驟完成。趁糖霜尚未凝固前，撒上切碎的榛果（可以省略）。冷藏10分鐘，讓糖霜凝固，之後可立即食用，或是用保鮮膜稍微覆蓋，冷藏1天。食用前，請退冰15分鐘，風味較佳。

● 材料（約20份）

芝麻奶油餡

　全脂牛奶600毫升

　紅糖或黑糖100克

　玉米粉3大匙

海鹽1/2茶匙

蛋黃5顆

芝麻醬3大匙，室溫放軟

香草精1茶匙

泡芙麵糊1份（見第13頁）

巧克力糖霜1份（見第17頁）

芝麻酥糖40克，切碎（可省略）

芝麻醬巧克力閃電泡芙
Tahini-Chocolate Éclairs

　　這種泡芙帶有濃郁的中東芝麻糖懷舊口味。巧克力和芝麻糖是絕佳組合──就像巧克力和花生醬一樣，只是多了點刺激口味。測量芝麻醬份量之前，先攪拌均勻，因為芝麻油靜置後會浮在表面。

製作奶油餡：

把網篩放在一個乾淨的碗上，一旁備用。

把牛奶和50克糖放入中型平底深鍋裡，混合均勻，中火加熱攪拌至糖融化。

拿一個小碗，把剩下的50克糖、玉米粉、鹽混合均勻。放入蛋黃，攪拌均勻，擱置一旁備用。

牛奶開始冒出水蒸氣後，先把120毫升加入蛋黃混合物裡，再把蛋黃混合物倒回鍋裡剩下的牛奶中。（使用橡膠刮刀把碗裡的蛋黃刮乾淨。）轉小火或中小火，持續攪拌4到6分鐘，或是餡料開始變稠、表面開始冒泡。一旦表面開始冒泡，繼續煮1分鐘（記得持續攪拌），然後鍋子離火。加入芝麻醬，攪拌均勻，再加入香草精拌勻。

使用橡膠刮刀或是木匙，把奶油餡篩進事先準備的碗中。在表層鋪上保鮮膜，防止乾燥。放置3小時至1天，完全冷卻。

烤箱預熱至攝氏200度/華氏400度，把兩張烤盤鋪上烘焙紙。

把泡芙麵糊裝入附有直徑2公分花嘴的擠花袋裡，花嘴和烤盤呈45度，擠出2公分寬、10公分長的形狀。每個泡芙間隔2.5至4公分。

烤15分鐘後，調降至攝氏190度/華氏375度（烤箱門打開3至5秒，溫度就會下降。如果你是兩張烤盤一起烤，記得要互換位置），

再烤15分鐘。

拿一把尖銳刀子，沿著泡芙接近底層處刺一排小洞。把泡芙重新放回烤箱，續烤10分鐘。出爐後，把泡芙置於室溫冷卻至手能觸摸的溫度。你可以直接放在烤盤上冷卻，或是移動到冷卻架。

奶油餡使用前攪打至濃稠柔滑狀態，然後以下列任一種方式填入閃電泡芙。

把泡芙切成上下兩半，用擠花袋或是湯匙填入內餡——把冷卻後的閃電泡芙水平切成兩半，把附有圓形花嘴的擠花袋放入奶油餡，擠在下半片泡芙上。或者，直接用湯匙舀奶油餡。拿上半片泡芙外層沾糖霜，過量的糖霜請滴回重複使用。組合上下兩片泡芙即可完成。

保留完整的泡芙，擠入奶油餡——用尖銳刀子在兩端靠近底部的地方挖個小洞，把擠花袋裝上小型圓花嘴，裝滿奶油內餡，從其中一邊擠入，感覺內餡填滿一半空間後停止。你可以從手上泡芙的重量來判斷，或者用手輕壓泡芙中間，檢查奶油內餡是否已達一半。另一邊的小洞也用相同方式擠入，完成後閃電泡芙便完全充滿內餡。把泡芙上層沾上糖霜，過量的糖霜請滴回重複使用。

無論選擇哪種方式，重複至所有閃電泡芙擠滿奶油餡為止。

冷藏10分鐘，讓糖霜凝固，之後可立即食用，或是用保鮮膜稍微覆蓋，冷藏1天。食用前，請退冰15分鐘，風味較佳。

花生醬130克，室溫放軟

奶油乳酪或馬斯卡彭乳酪115克，室溫放軟

糖粉80克

香草精2茶匙

海鹽1/2茶匙

鮮奶油360毫升

巧克力糖霜1份（見第17頁）

鹽味烤花生30克，切碎

鹽味花生閃電泡芙 Salted-Peanut Éclairs

沾上巧克力糖霜，充滿花生奶油餡的閃電泡芙，口味不像花生糖——這個比花生糖還好吃！記得花生醬要回復至室溫，但鮮奶油要用冰的。奶油乳酪能夠幫助清爽蓬鬆的餡料更加穩定。

烤箱預熱至攝氏200度/華氏400度，把兩張烤盤鋪上烘焙紙。

把泡芙麵糊裝入附有直徑2公分花嘴的擠花袋裡，花嘴和烤盤呈45度，擠出2公分寬、10公分長的形狀。每個泡芙間隔2.5至4公分。

烤15分鐘後，調降至攝氏190度/華氏375度（烤箱門扒開3至5秒，溫度就會下降。如果你是兩張烤盤一起烤，記得要互換位置），再烤15分鐘。

拿一把尖銳刀子，沿著泡芙接近底層處刺一排小洞。把泡芙重新放回烤箱，續烤10分鐘。出爐後，把泡芙置於室溫冷卻至手能觸摸的溫度。你可以直接放在烤盤上冷卻，或是移動到冷卻架。

製作奶油餡：
在中型攪拌盆裡加入花生醬、奶油乳酪、糖粉、香草精、鹽，使用桌上型攪拌機（槳形攪拌棒）或是手持攪拌機，以中速攪打至柔滑狀態。把攪拌盆周圍的餡料刮至底下，加入120毫升鮮奶油，攪打均勻。（如果你使用的是桌上型攪拌機，這時要換成球形攪拌棒。）倒入剩下的鮮奶油，以低速攪打均勻。完成後可以立即使用，或是蓋上保鮮膜冷藏1天。（如果你是事先準備好，拿出來使用前要再攪拌均勻。）

把閃電泡芙水平切成兩半，用湯匙舀起鮮奶油，填在下半片（見第19頁注意事項）。拿上半片泡芙外層沾糖霜，過量的糖霜請滴回重複使用。組合上下兩片泡芙，其他泡芙也以同樣步驟處理。最後趁糖霜尚未凝固前，灑上切碎的烤花生。

冷藏10分鐘，讓糖霜凝固，之後可立即食用，或是用保鮮膜稍微覆蓋，冷藏1天。食用前，請退冰15分鐘，風味較佳。

● 材料（約20份）

奶油糖餡

無鹽奶油2大匙（約26克），加熱融化

黑糖150克

波本威士忌2大匙

鮮奶油120毫升

全脂牛奶480毫升

香草籽1根

玉米粉3大匙

海鹽1/4茶匙

蛋黃6顆

泡芙麵糊1份（見第13頁）

香草波本糖霜

無鹽奶油55克，加熱融化

玉米糖漿1大匙

糖粉120克

預留的香草籽少許

波本威士忌或水4至5茶匙

奶油糖威士忌閃電泡芙
Butterscotch-Bourbon Éclairs

濃稠的奶油糖餡稱得上是安撫心靈的美食，前提是你非常喜歡氣味濃烈的香草籽（還得喝高品質威士忌也不太會醉）！如果家裡沒有波本威士忌，不加也可以——一樣好吃。

製作奶油餡：
把網篩放在一個乾淨的碗上，一旁備用。

把融化的無鹽奶油和100克黑糖放入中型平底深鍋裡，混合均勻，以小火或中小火加熱攪拌至冒泡。小心加入威士忌（鍋裡的東西可能會劇烈冒泡或是噴出來），持續攪拌1至2分鐘，直到整體變白，看起來像泡沫狀為止。慢慢穩定地加入鮮奶油，輕輕攪拌均勻，然後再加入牛奶拌勻。

把香草莢橫向切開，刮下香草籽，預留少許讓之後的糖霜使用。把其他的香草籽和香草莢一同加入牛奶混合物中，以中火加熱，直到沸騰，周圍開始冒泡為止。為避免鍋底有焦糖形成，請持續攪拌。

拿一個小碗，加入剩下的50克黑糖、玉米粉、鹽，拌勻，再加入蛋黃，拌勻備用。

趁牛奶還熱的時候，先把120毫升加入蛋黃混合物裡，再把蛋黃混合物倒回鍋裡剩下的牛奶中。（使用橡膠刮刀把碗裡的蛋黃刮乾淨。）轉小火，持續攪拌4到6分鐘，或是餡料開始變稠、表面開始冒泡。一旦表面開始冒泡，繼續煮1分鐘（記得持續攪拌），然後鍋子離火。

使用橡膠刮刀或是木匙，把奶油餡篩進事先準備的碗中（請取出香草莢）。在表層鋪上保鮮膜，防止乾燥。放置3小時至1天，完全冷卻。

烤箱預熱至攝氏200度/華氏400度，把兩張

烤盤鋪上烘焙紙。

把泡芙麵糊裝入附有直徑2公分花嘴的擠花袋裡，花嘴和烤盤呈45度，擠出2公分寬、10公分長的形狀。每個泡芙間隔2.5至4公分。

烤15分鐘後，調降至攝氏190度/華氏375度（烤箱門打開3至5秒，溫度就會下降。如果你是兩張烤盤一起烤，記得要互換位置），再烤15分鐘。

拿一把尖銳刀子，沿著泡芙接近底層處刺一排小洞。把泡芙重新放回烤箱，續烤10分鐘。出爐後，把泡芙置於室溫冷卻至手能觸摸的溫度。你可以直接放在烤盤上冷卻，或是移動到冷卻架。

製作糖霜：
把融化的無鹽奶油、玉米糖漿、糖粉、預留的香草籽放在一個小淺盤拌勻，盤子寬度要比泡芙長度寬一點。加入威士忌拌勻，直到整體有光澤為止。成品應該是流動的液態，但不會太稀，能裹在泡芙外層的程度。（如果太濃稠，加入熱水攪拌，一次只加1/2茶匙，慢慢調整；如果太稀，可多加一點糖粉。）

奶油餡使用前攪打至濃稠柔滑狀態，然後以下列任一種方式填入閃電泡芙。

把泡芙切成上下兩半，用擠花袋或是湯匙填入內餡——把冷卻後的閃電泡芙水平切成兩半，把附有圓形花嘴的擠花袋放入奶油餡，擠在下半片泡芙上。或者，直接用湯匙舀奶油餡。拿上半片泡芙外層沾糖霜，過量的糖霜請滴回重複使用。組合上下兩片泡芙即完成。

保留完整的泡芙，擠入奶油餡——用尖銳刀子在兩端靠近底部的地方挖個小洞，把擠花袋裝上小型圓花嘴，裝滿奶油內餡，從其中一邊擠入，感覺內餡填滿一半空間後停止。你可以從手上泡芙的重量來判斷，或者用手輕壓泡芙中間，檢查奶油內餡是否已達一半。另一邊的小洞也用相同方式擠入，完成後閃電泡芙便完全充滿內餡。把泡芙上層沾上糖霜，過量的糖霜請滴回重複使用。

無論選擇哪種方式，重複至所有閃電泡芙擠滿奶油餡為止。

冷藏10分鐘，讓糖霜凝固，之後可立即食用，或是用保鮮膜稍微覆蓋，冷藏1天。食用前，請退冰15分鐘，風味較佳。

● 材料（約20份）

泡芙麵糊1份（見第13頁）

草莓杏仁餡

草莓醬3大匙

杏仁酒2又1/2大匙

蜂蜜2大匙

香草精1/2小匙

鮮奶油300毫升

義大利杏仁餅或杏仁蛋白餅200克，捏碎

香草糖霜

無鹽奶油55克，加熱融化

玉米糖漿1大匙

糖粉120克

香草精1/2茶匙

熱水4至5茶匙

粉紅食用色素1至2滴（見第49頁注意事項）

杏仁片30克（可省略）

草莓杏仁酒閃電泡芙
Strawberry-Amaretto Éclairs

這個閃電泡芙的靈感來自法國普羅旺斯的蜂蜜杏仁牛軋糖。泡芙質地清爽蓬鬆，優雅的草莓杏仁香味非常適合夏天。

烤箱預熱至攝氏200度/華氏400度，把兩張烤盤鋪上烘焙紙。

把泡芙麵糊裝入附有直徑2公分花嘴的擠花袋裡，花嘴和烤盤呈45度，擠出2公分寬、10公分長的形狀。每個泡芙間隔2.5至4公分。

烤15分鐘後，調降至攝氏190度/華氏375度（烤箱門打開3到5秒，溫度就會下降。如果你是兩張烤盤一起烤，記得要互換位置），再烤15分鐘。

拿一把尖銳刀子，沿著泡芙接近底層處刺一排小洞。把泡芙重新放回烤箱，續烤10分鐘。出爐後，把泡芙置於室溫冷卻至手能觸摸的溫度。你可以直接放在烤盤上冷卻，或是移動到冷卻架。

製作奶油餡：

把攪拌盆放入冰箱冷藏幾分鐘。拿一個小碗，放入果醬、杏仁酒、蜂蜜、香草精拌勻備用。

在冰過的攪拌盆裡加入鮮奶油，以高速攪打至拿起打蛋器，尾端呈彎曲狀（濕性發泡）。加入草莓醬混合物，攪打至拿起打蛋器，尾端呈挺直狀（乾性發泡）。用橡膠刮刀輕輕將碎餅乾拌入，再放入冰箱冷藏，接著製作糖霜。

製作糖霜：

把融化的無鹽奶油、玉米糖漿、糖粉、香草精放在一個小淺盤拌勻，盤子寬度要比泡芙長度寬一點。加入熱水和食用色素，攪拌均勻。成品應該是流動的液態，但不會太稀，

能裹在泡芙外層的程度。（如果太濃稠，加入熱水攪拌，一次只加1/2茶匙，慢慢調整；如果太稀，可多加一點糖粉。）

把閃電泡芙水平切成兩半，用湯匙舀起鮮奶油，填在下半片（見第19頁注意事項）。拿上半片泡芙外層沾糖霜，過量的糖霜請滴回重複使用。組合上下兩片泡芙，剩下的泡芙也以相同步驟完成。趁糖霜尚未凝固前，撒上杏仁片（可以省略）。

冷藏10分鐘，讓糖霜凝固，之後可立即食用，或是用保鮮膜稍微覆蓋，冷藏1天。食用前，請退冰15分鐘，風味較佳。

● 材料（約20份）

泡芙麵糊1份（見第13頁）

覆盆子奶油餡

成熟覆盆子170克

檸檬汁1大匙

糖100克

馬斯卡彭乳酪115克

香草精1/2茶匙

鮮奶油180毫升

覆盆子糖霜

無鹽奶油55克，加熱融化

玉米糖漿1大匙

糖粉120克

覆盆子果汁或水2大匙

紅色或粉紅食用色素1至2滴（可省略，見第49頁注意事項）

覆盆子果汁閃電泡芙 Raspberry Crush Éclairs

覆盆子成熟、多汁的季節，就來做這種簡單的水果奶油餡吧。這種閃電泡芙和其他的不同，從冰箱拿出可以立即食用。

烤箱預熱至攝氏200度/華氏400度，把兩張烤盤鋪上烘焙紙。

把泡芙麵糊裝入附有直徑2公分花嘴的擠花袋裡，花嘴和烤盤呈45度，擠出2公分寬、10公分長的形狀。每個泡芙間隔2.5至4公分。

烤15分鐘後，調降至攝氏190度/華氏375度（烤箱門打開3至5秒，溫度就會下降。如果你是兩張烤盤一起烤，記得要互換位置），再烤15分鐘。

拿一把尖銳刀子，沿著泡芙接近底層處刺一排小洞。把泡芙重新放回烤箱，續烤10分鐘。出爐後，把泡芙置於室溫冷卻至手能觸摸的溫度。你可以直接放在烤盤上冷卻，或是移動到冷卻架。

製作奶油餡：

拿一個中型碗，放入覆盆子、檸檬汁、50克糖，用叉子大力擠壓覆盆子，然後放一旁靜置15分鐘，讓果汁流出。

使用桌上型攪拌機（槳形攪拌棒）或是手持攪拌機，以低速攪打馬斯卡彭乳酪、剩下的50克糖、香草精至柔滑狀態。把攪拌盆周圍的餡料刮至底下（如果你使用的是桌上型攪拌機，這時要換成球形攪拌棒），加入60毫升鮮奶油，以低速攪打均勻。倒入剩下的120毫升鮮奶油，加速攪打至乾性發泡。

預留大約2大匙果汁待會兒使用。把剩下的覆盆子果汁連同果實拌入鮮奶油中，不須太均勻，可留下一點粉紅色痕跡。完成後立即使用，或者密封冷藏最多3小時。

製作糖霜：

把融化的無鹽奶油、玉米糖漿、糖粉放在一個小淺盤拌勻，盤子寬度要比泡芙長度寬一點。加入預留的果汁和食用色素（可省略），攪拌均勻。成品應該是流動的液態，但不會太稀，能裹在泡芙外層的程度。（如果太濃稠，加入果汁攪拌，一次只加1/2茶匙，慢慢調整；如果太稀，可多加一點糖粉。）

把閃電泡芙水平切成兩半，用湯匙舀起鮮奶油，填在下半片（見第19頁注意事項）。拿上半片泡芙外層沾糖霜，過量的糖霜請滴回重複使用。組合上下兩片泡芙，其他泡芙也以相同步驟完成。

冷藏10分鐘，讓糖霜凝固，之後可立即食用，或是用保鮮膜稍微覆蓋，冷藏1天。

● 材料（約20份）

椰子芒果奶油餡

芒果泥360毫升

椰奶420毫升

新鮮萊姆汁1大匙

糖100克

玉米粉30克

海鹽1/4茶匙

蛋黃5顆

泡芙麵糊1份（見第13頁）

萊姆糖霜

無鹽奶油55克，加熱融化

玉米糖漿1大匙

糖粉120克

新鮮萊姆汁4至5大匙

綠色食用色素1滴（見第49頁注意事項）

黃色食用色素1滴（見第49頁注意事項）

甜椰絲15克

椰子芒果閃電泡芙 Coconut-Mango Éclairs

這種可口的熱帶水果餡，是用椰奶和芒果泥製作而成。請挑選體型大、肉質稍軟、香味濃郁的芒果，才能做出大量果泥。240毫升的果泥約需2顆大型芒果。

製作奶油餡：

把網篩放在一個乾淨的碗上，一旁備用。

把芒果泥、椰奶、萊姆汁、50克糖放入中型平底深鍋裡，中火加熱至糖融化。

拿一個小碗，把剩下的50克糖、玉米粉、鹽混合均勻。放入蛋黃，攪拌均勻備用。

椰奶開始冒出蒸氣後，慢慢把120毫升椰奶混合物加入蛋黃混合物裡，再把蛋黃混合物倒回鍋裡剩下的椰奶中（用刮刀把蛋黃刮乾淨）。轉中小火，持續攪拌4至6分鐘，直到開始變稠、表面開始冒泡。一旦表面開始冒泡，繼續煮1分鐘（持續攪拌），然後鍋子離火。

使用橡膠刮刀或是木匙，把奶油餡篩進事先準備的碗中。在表層鋪上保鮮膜，防止乾燥。放置3小時至1天，完全冷卻。

烤箱預熱至攝氏200度/華氏400度，把兩張烤盤鋪上烘焙紙。

把泡芙麵糊裝入附有直徑2公分花嘴的擠花袋裡，花嘴和烤盤呈45度，擠出2公分寬、10公分長的形狀，每個泡芙間隔2.5至4公分。

烤15分鐘後，調降至攝氏190度/華氏375度（烤箱門打開3至5秒，溫度就會下降。如果你是兩張烤盤一起烤，記得要互換位置），再烤15分鐘。

拿一把尖銳刀子，沿著泡芙接近底層處刺一排小洞。把泡芙重新放回烤箱，續烤10分

鐘。出爐後，把泡芙置於室溫冷卻至手能觸摸的溫度。你可以直接放在烤盤上冷卻，或是移動到冷卻架。

製作糖霜：

把融化的無鹽奶油、玉米糖漿、糖粉放在一個小淺盤，攪拌均勻，盤子寬度要比泡芙長度寬一點。加入萊姆汁和食用色素，攪拌至糖霜該有的流動狀態。（如果太稠了，再多加一些熱水，一次只加1/2茶匙慢慢調整；如果太稀了，多加一點糖粉。）

奶油餡使用前攪打至濃稠柔滑狀態，然後以下列任一種方式填入閃電泡芙。

把泡芙切成上下兩半，用擠花袋或是湯匙填入內餡──把冷卻後的閃電泡芙水平切成兩半，把附有圓形花嘴的擠花袋放入奶油餡，擠在下半片泡芙上。或者，直接用湯匙舀奶油餡。拿上半片泡芙外層沾糖霜，過量的糖霜請滴回重複使用。組合上下兩片泡芙即可完成。

保留完整的泡芙，擠入奶油餡──用尖銳刀子在兩端靠近底部的地方挖個小洞，把擠花袋裝上小型圓花嘴，裝滿奶油內餡，從其中一邊擠入，感覺內餡填滿一半空間後停止。你可以從手上泡芙的重量來判斷，或者用手輕壓泡芙中間，檢查奶油內餡是否已達一半。另一邊的小洞也用相同方式擠入，完成後閃電泡芙便完全充滿內餡。把泡芙上層沾上糖霜，過量的糖霜請滴回重複使用。

無論選擇哪種方式，重複至所有閃電泡芙擠滿奶油餡為止，最後趁糖霜凝固前撒上甜椰絲。

冷藏10分鐘，讓糖霜凝固，之後可立即食用。或者用保鮮膜稍微覆蓋，冷藏1天，食用前退冰15分鐘口感較佳。

注意事項：如果你不曉得怎麼取下芒果果肉，就先把芒果的上下兩端都切掉，然後利用其中一個平面切口，讓芒果站立。拿銳利的水果刀把皮一條一條剝下，然後稍微預想一下中央橢圓形果核的位置，小心把果肉切下，下刀點別太靠近果核，因為那邊纖維較多。

全蛋2顆，再加蛋黃
4顆

糖100克

梅爾檸檬汁180毫升

無鹽奶油55克，切
小塊

鮮奶油160毫升

糖粉2大匙

泡芙麵糊1份（見第13
頁）

檸檬糖霜

無鹽奶油55克，加
熱融化

玉米糖漿1大匙

糖粉120克

梅爾檸檬汁4至5茶匙

黃色食用色素1滴（見
第49頁注意事項）

梅爾檸檬奶油閃電泡芙
Meyer Lemon-Cream Éclairs

　　梅爾檸檬是檸檬和柳橙的混合物種，皮薄汁多，加州從冬至到早春都盛產。梅爾檸檬的酸度比其他檸檬低，但你還是可以用一般黃色檸檬的果汁來取代。攪拌鮮奶油之前，先嚐一嚐檸檬凝乳的酸度，太酸的話，再加1大匙糖粉。想裝飾一下泡芙的話，糖漬檸檬片是有趣的選擇。這種閃電泡芙從冰箱拿出後，可以直接食用，不須退冰。

製作奶油餡：

把網篩放在一個乾淨的碗上，一旁備用。

把全蛋、蛋黃、糖、檸檬汁、無鹽奶油放入中型平底深鍋裡，混合均勻，以中小火加熱1至2分鐘，直到奶油融化。繼續攪拌4至5分鐘，直到整體變稠，小心別煮到沸騰。

使用橡膠刮刀或是木匙，把檸檬凝乳篩進事先準備的碗中。在表層鋪上保鮮膜，防止乾燥。放置3小時至1天，完全冷卻。

拿一個中碗，加入鮮奶油，打發至濕性發泡。加入糖粉，打至乾性發泡，但依舊保有柔滑的外觀。

用橡膠刮刀，把四分之一的鮮奶油拌入檸檬凝乳中，接著再拌入剩下的鮮奶油。完成後，放置一旁備用。

烤箱預熱至攝氏200度/華氏400度，把兩張烤盤鋪上烘焙紙。

把泡芙麵糊裝入附有直徑2公分花嘴的擠花袋裡，花嘴和烤盤呈45度，擠出2公分寬、10公分長的形狀。每個泡芙間隔2.5至4公分。

烤15分鐘後，調降至攝氏190度/華氏375度（烤箱門打開3至5秒，溫度就會下降。如果你是兩張烤盤一起烤，記得要互換位置），再烤15分鐘。

拿一把尖銳刀子，沿著泡芙接近底層處刺一排小洞。把泡芙重新放回烤箱，續烤10分鐘。出爐後，把泡芙置於室溫冷卻至手能觸摸的溫度。你可以直接放在烤盤上冷卻，或是移動到冷卻架。

製作糖霜：
把融化的無鹽奶油、玉米糖漿、糖粉放在一個小淺盤，攪拌均勻，盤子寬度要比泡芙長度寬一點。加入檸檬汁和食用色素，攪拌至糖霜該有的流動狀態。（如果太稠了，再多加一些熱水，一次只加1/2茶匙慢慢調整；如果太稀了，多加一點糖粉。）

把閃電泡芙水平切成兩半，用湯匙舀起鮮奶油，填在下半片（見第19頁注意事項）。拿上半片泡芙外層沾糖霜，過量的糖霜請滴回重複使用。組合上下兩片泡芙，剩下的泡芙也以相同步驟完成。

冷藏10分鐘，讓糖霜凝固，之後可立刻食用，或是用保鮮膜稍微覆蓋，冷藏1天。

● 材料（約20份）

泰國青檸奶油餡

全脂牛奶600毫升

糖100克

泰國檸檬葉2片，洗淨擦乾

香草莢1/2根，橫向劃開

玉米粉3大匙

海鹽1/4茶匙

蛋黃5顆

泡芙麵糊1份（見第13頁）

萊姆糖霜1份（見第36頁）

泰國青檸閃電泡芙 Kaffir Lime Éclairs

　　泰國檸檬葉有一股清甜花香，很適合加進奶油餡中，再搭配香草籽，令人好想多吃幾口。如果你的住家附近剛好有泰國檸檬樹，記得摘幾片葉子來做奶油餡，或者也可以在亞洲食品超市買到。

製作奶油餡：

把網篩放在一個乾淨的碗上，一旁備用。

把牛奶、50克糖、檸檬葉放入中型平底深鍋裡，混合均勻。把香草籽刮下加入牛奶中，香草莢也丟進去，中低火加熱至糖融化。沸騰後，鍋子離火，蓋上蓋子放涼15分鐘。

取出檸檬葉和香草莢，再度加熱至即將沸騰。

拿一個小碗，把剩下的50克糖、玉米粉、鹽混合均勻。放入蛋黃，攪拌均勻。

把120毫升牛奶加入蛋黃混合物裡，再把蛋黃混合物倒回鍋裡剩下的牛奶中。（使用橡膠刮刀把碗裡的蛋黃刮乾淨。）轉小火，持續攪拌4到6分鐘，或是餡料開始變稠、表面開始冒泡。一旦表面開始冒泡，繼續煮1分鐘（記得持續攪拌），然後鍋了離火。

使用橡膠刮刀或是木匙，把奶油餡篩進事先準備的碗中。在表層鋪上保鮮膜，防止乾燥。放置3小時至1天，完全冷卻。

烤箱預熱至攝氏200度/華氏400度，把兩張烤盤鋪上烘焙紙。

把泡芙麵糊裝入附有直徑2公分花嘴的擠花袋裡，花嘴和烤盤呈45度，擠出2公分寬、10公分長的形狀。每個泡芙間隔2.5至4公分。

烤15分鐘後，調降至攝氏190度/華氏375度（烤箱門打開3至5秒，溫度就會下降。如果你是兩張烤盤一起烤，記得要互換位置），

再烤15分鐘。

拿一把尖銳刀子，沿著泡芙接近底層處刺一排小洞。把泡芙重新放回烤箱，續烤10分鐘。出爐後，把泡芙置於室溫冷卻至手能觸摸的溫度。你可以直接放在烤盤上冷卻，或是移動到冷卻架。

奶油餡使用前攪打至濃稠柔滑狀態，然後以下列任一種方式填入閃電泡芙。

把泡芙切成上下兩半，用擠花袋或是湯匙填入內餡──把冷卻後的閃電泡芙水平切成兩半，把附有圓形花嘴的擠花袋放入奶油餡，擠在下半片泡芙上。或者，直接用湯匙舀奶油餡。拿上半片泡芙外層沾糖霜，過量的糖霜請滴回重複使用。組合上下兩片泡芙即可完成。

保留完整的泡芙，擠入奶油餡──用尖銳刀子在兩端靠近底部的地方挖個小洞，把擠花袋裝上小型圓花嘴，裝滿奶油內餡，從其中一邊擠入，感覺內餡填滿一半空間後停止。你可以從手上泡芙的重量來判斷，或者用手輕壓泡芙中間，檢查奶油內餡是否已達一半。另一邊的小洞也用相同方式擠入，完成後閃電泡芙便完全充滿內餡。把泡芙上層沾上糖霜，過量的糖霜請滴回重複使用。

無論選擇哪種方式，重複至所有閃電泡芙擠滿奶油餡為止。

冷藏10分鐘，讓糖霜凝固，之後可立即食用，或是用保鮮膜稍微覆蓋，冷藏1天。食用前，請退冰15分鐘，風味較佳。

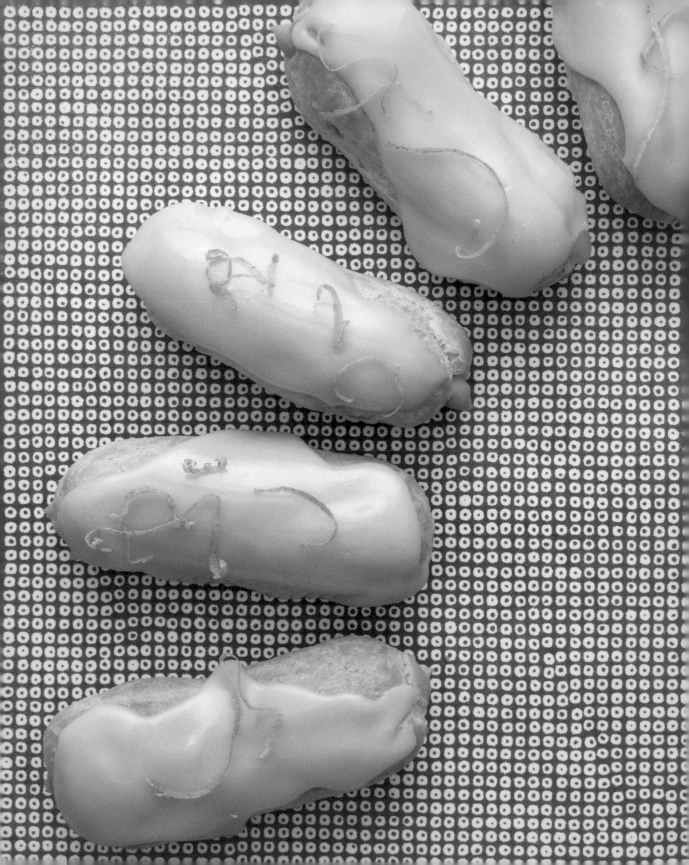

● 材料（約20份）

橘子焦糖奶油餡

橘子汁240毫升

糖150克

水120毫升

鮮奶油120毫升

全脂牛奶480毫升

玉米粉3大匙

海鹽1/4茶匙

蛋黃5顆

香草精1/2茶匙

泡芙麵糊1份（見第13頁）

橘子糖霜

無鹽奶油55克，加熱融化

玉米糖漿1大匙

糖粉120克

橘子汁4至5茶匙

橘色食用色素1至2滴（見第49頁注意事項）

橘子焦糖閃電泡芙
Tangerine-Caramel Éclairs

　　這種閃電泡芙的焦糖奶油餡和糖霜內，流露出一股橘子香氣。你可以使用現榨的橘子汁，或是市售的也行。你也可以用柳橙皮絲裝飾，甚至換成不同風味的柳橙汁也可以。

製作奶油餡：

把網篩放在一個乾淨的碗上，一旁備用。

把橘子汁倒進小型平底深鍋裡，以中火加熱5至10分鐘，直到變成糖漿黏稠狀，然後倒出60毫升，放一旁備用。加熱過程請小心不要煮到燒焦。

把100克的糖和水放入中型平底深鍋裡，混合均勻，小火加熱。轉中火，煮至糖焦化，約需5至7分鐘。過程請小心觀察，水一旦煮開，糖的溫度開始升高後，焦化速度會非常快。小心拌入鮮奶油（鍋內物可能會體積增加，濺撒出來），然後拌入牛奶，小火加熱至沸騰。

拿一個小碗，把剩下的50克糖、玉米粉、鹽混合均勻。放入蛋黃，攪拌均勻。把沸騰的120毫升牛奶加入蛋黃混合物裡，再把蛋黃混合物倒回鍋裡剩下的牛奶中。以中小火，持續攪拌4到6分鐘，或是餡料開始變稠、表面開始冒泡。一旦表面開始冒泡，繼續煮1分鐘（記得持續攪拌），然後鍋子離火。拌入煮過的橘子汁和香草精。

使用橡膠刮刀或是木匙，把奶油餡篩進事先準備的碗中。在表層鋪上保鮮膜，防止乾燥。放置3小時至1天，完全冷卻。

烤箱預熱至攝氏200度/華氏400度，把兩張烤盤鋪上烘焙紙。

把泡芙麵糊裝入附有直徑2公分花嘴的擠花袋裡，花嘴和烤盤呈45度，擠出2公分寬、10公分長的形狀。每個泡芙間隔2.5至4公分。

烤15分鐘後，調降至攝氏190度/華氏375度（烤箱門打開3至5秒，溫度就會下降。如果你是兩張烤盤一起烤，記得要互換位置），再烤15分鐘。

拿一把尖銳刀子，沿著泡芙接近底層處刺一排小洞。把泡芙重新放回烤箱，續烤10分鐘。出爐後，把泡芙置於室溫冷卻至手能觸摸的溫度。你可以直接放在烤盤上冷卻，或是移動到冷卻架。

製作糖霜：
把融化的無鹽奶油、玉米糖漿、糖粉放在一個小淺盤，攪拌均勻，盤子寬度要比泡芙長度寬一點。加入橘子汁和食用色素，攪拌至糖霜該有的流動狀態。（如果太稠了，再多加一些橘子汁，一次只加1/2茶匙慢慢調整；如果太稀了，多加一點糖粉。）

奶油餡使用前攪打至濃稠柔滑狀態，然後以下列任一種方式填入閃電泡芙。

把泡芙切成上下兩半，用擠花袋或是湯匙填入內餡──把冷卻後的閃電泡芙水平切成兩半，把附有圓形花嘴的擠花袋放入奶油餡，擠在下半片泡芙上。或者，直接用湯匙舀奶油餡。拿上半片泡芙外層沾糖霜，過量的糖霜請滴回重複使用。組合上下兩片泡芙即完成。

保留完整的泡芙，擠入奶油餡──用尖銳刀子在兩端靠近底部的地方挖個小洞，把擠花袋裝上小型圓花嘴，裝滿奶油內餡，從其中一邊擠入，感覺內餡填滿一半空間後停止。你可以從手上泡芙的重量來判斷，或者用手輕壓泡芙中間，檢查奶油內餡是否已達一半。另一邊的小洞也用相同方式擠入，完成後閃電泡芙便完全充滿內餡。把泡芙上層沾上糖霜，過量的糖霜請滴回重複使用。

無論選擇哪種方式，重複至所有閃電泡芙擠滿奶油餡為止。

冷藏10分鐘，讓糖霜凝固，之後可立即食用，或是用保鮮膜稍微覆蓋，冷藏1天。食用前，請退冰15分鐘，風味較佳。

● 材料（約20份）

番紅花奶油餡

　番紅花1小撮

　全脂牛奶600毫升

　5公分柳橙皮2條

糖100克

香草籽1/2根

玉米粉3大匙

海鹽1/4茶匙

蛋黃5顆

泡芙麵糊1份（見第13
頁）

玫瑰糖霜

　無鹽奶油55克，加
　熱融化

玉米糖漿1大匙

糖粉120克

玫瑰水4至5茶匙

粉紅食用色素1至2滴（
見第49頁注意事項）

番紅花玫瑰閃電泡芙 Saffron-Rose Éclairs

你可以用裹糖的或是新鮮的玫瑰花瓣裝飾這漂亮的閃電泡芙。玫瑰水可以在專門進口中東食品的商店買到。

製作奶油餡：

把網篩放在一個乾淨的碗上，一旁備用。

把番紅化放進小的平底煎鍋裡，用小火乾煎，過程中必須經常翻動。加熱1分鐘，直到番紅花顏色加深，開始冒出香氣。把番紅花移到小碗中放涼，再用手指捏碎番紅花。

把牛奶、捏碎的番紅花、柳橙皮、50克糖放入中型平底深鍋裡。把香草籽刮下加入，香草莢也一併丟入，加熱攪拌至糖融化。

拿一個小碗，把剩下50克的糖、玉米粉、鹽混合均勻。放入蛋黃，攪拌均勻，擱置一旁備用。

把沸騰的120毫升牛奶混合物加入蛋黃混合物裡，再把蛋黃混合物倒回鍋裡剩下的牛奶中。（使用橡膠刮刀把碗裡的蛋黃刮乾淨。

）轉小火或中小火，持續攪拌4到6分鐘，或是餡料開始變稠、表面開始冒泡。一旦表面開始冒泡，繼續煮1分鐘（記得持續攪拌），然後鍋子離火。

使用橡膠刮刀或是木匙，把奶油餡篩進事先準備的碗中（柳橙皮和香草莢請取出扔掉）。在表層鋪上保鮮膜，防止乾燥。放置3小時至1天，完全冷卻。

烤箱預熱至攝氏200度/華氏400度，把兩張烤盤鋪上烘焙紙。

把泡芙麵糊裝入附有直徑2公分花嘴的擠花袋裡，花嘴和烤盤呈45度，擠出2公分寬、10公分長的形狀。每個泡芙間隔2.5至4公分。

烤15分鐘後，調降至攝氏190度/華氏375度

（烤箱門打開3至5秒，溫度就會下降。如果你是兩張烤盤一起烤，記得要互換位置），再烤15分鐘。

拿一把尖銳刀子，沿著泡芙接近底層處刺一排小洞。把泡芙重新放回烤箱，續烤10分鐘。出爐後，把泡芙置於室溫冷卻至手能觸摸的溫度。你可以直接放在烤盤上冷卻，或是移動到冷卻架。

製作糖霜：

把融化的無鹽奶油、玉米糖漿、糖粉放在一個小淺盤，攪拌均勻，盤子寬度要比泡芙長度寬一點。加入玫瑰水和食用色素，攪拌至糖霜該有的流動狀態。（如果太稠了，再多加一些玫瑰水，一次只加1/2茶匙慢慢調整；如果太稀了，多加一點糖粉。）

奶油餡使用前攪打至濃稠柔滑狀態，然後以下列任一種方式填入閃電泡芙。

把泡芙切成上下兩半，用擠花袋或是湯匙填入內餡——把冷卻後的閃電泡芙水平切成兩半，把附有圓形花嘴的擠花袋放入奶油餡，擠在下半片泡芙上。或者，直接用湯匙舀奶油餡。拿上半片泡芙外層沾糖霜，過量的糖霜請滴回重

複使用。組合上下兩片泡芙即完成。

保留完整的泡芙，擠入奶油餡——用尖銳刀子在兩端靠近底部的地方挖個小洞，把擠花袋裝上小型圓花嘴，裝滿奶油內餡，從其中一邊擠入，感覺內餡填滿一半空間後停止。你可以從手上泡芙的重量來判斷，或者用手輕壓泡芙中間，檢查奶油內餡是否已達一半。另一邊的小洞也用相同方式擠入，完成後閃電泡芙便完全充滿內餡。把泡芙上層沾上糖霜，過量的糖霜請滴回重複使用。

無論選擇哪種方式，重複至所有閃電泡芙擠滿奶油餡為止。

冷藏10分鐘，讓糖霜凝固，之後可立即食用，或是用保鮮膜稍微覆蓋，冷藏1天。食用前，請退冰15分鐘，風味較佳。

注意事項：我並不喜歡使用人工色素，不過如果能替糖霜增加鮮明的顏色，我還是會斟酌使用。食用色素的種類選擇很多，我偏好凝膠狀的，可以在食品材料行或是廚房用品店買到，不僅非常顯色，顏色種類也很多。而且因為每次用量非常少，所以這種食用色素裡沒有加入液體。若是那種加了水或酒精的食用色素，包含用天然材料製作的，顏色選擇比較少，但是大眾接受度比較高。

紫羅蘭白巧克力奶油餡

全脂牛奶600毫升

糖100克

玉米粉3大匙

海鹽1/4茶匙

蛋黃4顆

白巧克力115克，切碎

香草精1/2茶匙

紫羅蘭食用香精1/4至1/2茶匙

泡芙麵糊1份（見第13頁）

紫羅蘭糖霜

無鹽奶油55克，加熱融化

玉米糖漿1大匙

糖粉120克

熱水4至5茶匙

紫羅蘭食用香精1至2滴

淡紫色食用色素1至2滴（見第49頁注意事項）

紫羅蘭白巧克力閃電泡芙
Violet-White Chocolate Éclairs

　　充滿花香的閃電泡芙裡，流露出淡淡的白巧克力香氣，口感也更加濃郁。你可以用裹糖或新鮮的紫羅蘭花瓣裝飾。紫羅蘭食用色素可以在糖果材料行或蛋糕裝飾用品店買到，不同牌子的味道濃淡不一，所以每次先加入少量，試吃過奶油餡後再決定是否增加。

製作奶油餡：

把網篩放在一個乾淨的碗上，一旁備用。

把牛奶和50克糖放入中型平底深鍋裡，中火加熱攪拌至糖融化。

拿一個小碗，把剩下50克的糖、玉米粉、鹽混合均勻。放入蛋黃，攪拌均勻，擱置一旁備用。

牛奶開始冒出蒸氣後，把120毫升牛奶混合物加入蛋黃混合物裡，再把蛋黃混合物倒回鍋裡剩下的牛奶中。（使用橡膠刮刀把碗裡的蛋黃刮乾淨。）轉小火或中小火，持續攪拌4到6分鐘，或是餡料開始變稠、表面開始冒泡。一旦表面開始冒泡，繼續煮1分鐘（記得持續攪拌），然後鍋子離火。

加入白巧克力，攪拌至完全融化、均勻混合為止，再加入香草精和紫羅蘭精。

使用橡膠刮刀或是木匙，把奶油餡篩進事先準備的碗中。在表層鋪上保鮮膜，防止乾燥。放置3小時至1天，完全冷卻。

烤箱預熱至攝氏200度/華氏400度，把兩張烤盤鋪上烘焙紙。

把泡芙麵糊裝入附有直徑2公分花嘴的擠花袋裡，花嘴和烤盤呈45度，擠出2公分寬、10公分長的形狀。每個泡芙間隔2.5至4公分。

烤15分鐘後，調降至攝氏190度/華氏375度

（烤箱門打開3至5秒，溫度就會下降。如果你是兩張烤盤一起烤，記得要互換位置），再烤15分鐘。

拿一把尖銳刀子，沿著泡芙接近底層處刺一排小洞。把泡芙重新放回烤箱，續烤10分鐘。出爐後，把泡芙置於室溫冷卻至手能觸摸的溫度。你可以直接放在烤盤上冷卻，或是移動到冷卻架。

製作糖霜：

把融化的無鹽奶油、玉米糖漿、糖粉放在一個小淺盤，攪拌均勻，盤子寬度要比泡芙長度寬一點。加入水、紫羅蘭精、食用色素，攪拌至糖霜該有的流動狀態。（如果太稠了，再多加一些熱水，一次只加1/2茶匙慢慢調整；如果太稀了，多加一點糖粉。）

奶油餡使用前攪打至濃稠柔滑狀態，然後以下列任一種方式填入閃電泡芙。

把泡芙切成上下兩半，用擠花袋或是湯匙填入內餡——把冷卻後的閃電泡芙水平切成兩半，把附有圓形花嘴的擠花袋放入奶油餡，擠在下半片泡芙上。或者，直接用湯匙舀奶油餡。拿上半片泡芙外層沾糖霜，過量的糖霜請滴回重複使用。組合上下兩片泡芙即可完成。

保留完整的泡芙，擠入奶油餡——用尖銳刀子在兩端靠近底部的地方挖個小洞，把擠花袋裝上小型圓花嘴，裝滿奶油內餡，從其中一邊擠入，感覺內餡填滿一半空間後停止。你可以從手上泡芙的重量來判斷，或者用手輕壓泡芙中間，檢查奶油內餡是否已達一半。另一邊的小洞也用相同方式擠入，完成後閃電泡芙便完全充滿內餡。把泡芙上層沾上糖霜，過量的糖霜請滴回重複使用。

無論選擇哪種方式，重複至所有閃電泡芙擠滿奶油餡為止。

冷藏10分鐘，讓糖霜凝固，之後可立即食用，或是用保鮮膜稍微覆蓋，冷藏1天。食用前，請退冰15分鐘，風味較佳。

楓糖奶油餡

全脂牛奶600毫升

楓糖100克

玉米粉3大匙

海鹽1/8茶匙

蛋黃5顆

香草精1茶匙

泡芙麵糊1份（見第13頁）

楓糖糖霜

B級楓糖漿60毫升

無鹽奶油2大匙，加熱融化（約26克）

糖粉120克

酥脆培根50克，切碎或捏碎

楓糖培根閃電泡芙 Maple-Bacon Éclairs

　　你吃過楓糖培根甜甜圈，何不也來個楓糖培根閃電泡芙呢？用楓糖取代一般糖製作奶油餡，優點就是不必多加其它液體，就可以擁有楓糖香氣。楓糖在某些超市或網路商店就能買到。糖霜使用的B級楓糖漿比A級的顏色深，味道也比較濃。培根請挑選品質優良的，份量只需要一點點，拿週日早餐用剩的就行。

製作奶油餡：

把網篩放在一個乾淨的碗上，一旁備用。

把牛奶和50克楓糖放入中型平底深鍋裡，中火加熱攪拌至糖融化。

拿一個小碗，把剩下50克的楓糖、玉米粉、鹽混合均勻。放入蛋黃，攪拌均勻，擱置一旁備用。

牛奶開始冒出蒸氣後，把120毫升牛奶混合物加入蛋黃混合物裡，再把蛋黃混合物倒回鍋裡剩下的牛奶中。（使用橡膠刮刀把碗裡的蛋黃刮乾淨。）轉小火或中小火，持續攪拌4到6分鐘，或是餡料開始變稠、表面開始冒泡。一旦表面開始冒泡，繼續煮1分鐘（記得持續攪拌），然後鍋子離火，加入香草精拌勻。

使用橡膠刮刀或是木匙，把奶油餡篩進事先準備的碗中。在表層鋪上保鮮膜，防止乾燥。放置3小時至1天，完全冷卻。

烤箱預熱至攝氏200度/華氏400度，把兩張烤盤鋪上烘焙紙。

把泡芙麵糊裝入附有直徑2公分花嘴的擠花袋裡，花嘴和烤盤呈45度，擠出2公分寬、10公分長的形狀。每個泡芙間隔2.5至4公分。

烤15分鐘後，調降至攝氏190度/華氏375度（烤箱門打開3至5秒，溫度就會下降。如果你是兩張烤盤一起烤，記得要互換位置），

再烤15分鐘。

拿一把尖銳刀子，沿著泡芙接近底層處刺一排小洞。把泡芙重新放回烤箱，續烤10分鐘。出爐後，把泡芙置於室溫冷卻至手能觸摸的溫度。你可以直接放在烤盤上冷卻，或是移動到冷卻架。

製作糖霜：
把楓糖漿、融化的無鹽奶油、糖粉放在一個小淺盤，盤子寬度要比泡芙長度寬一點。攪拌至糖霜該有的流動狀態。（如果太稠了，再多加一些熱水，一次只加1/2茶匙慢慢調整；如果太稀了，多加一點糖粉。）

奶油餡使用前攪打至濃稠柔滑狀態，然後以下列任一種方式填入閃電泡芙。

把泡芙切成上下兩半，用擠花袋或是湯匙填入內餡——把冷卻後的閃電泡芙水平切成兩半，把附有圓形花嘴的擠花袋放入奶油餡，擠在下半片泡芙上。或者，直接用湯匙舀奶油餡。拿上半片泡芙外層沾糖霜，過量的糖霜請滴回重複使用。組合上下兩片泡芙即可完成。

保留完整的泡芙，擠入奶油餡——用尖銳刀子在兩端靠近底部的地方挖個小洞，把擠花袋裝上小型圓花嘴，裝滿奶油內餡，從其中一邊擠入，感覺內餡填滿一半空間後停止。你可以從手上泡芙的重量來判斷，或者用手輕壓泡芙中間，檢查奶油內餡是否已達一半。另一邊的小洞也用相同方式擠入，完成後閃電泡芙便完全充滿內餡。把泡芙上層沾上糖霜，過量的糖霜請滴回重複使用。

無論選擇哪種方式，重複至所有閃電泡芙擠滿奶油餡為止。最後趁糖霜尚未凝固前，撒上碎培根。

冷藏10分鐘，讓糖霜凝固，之後可立即食用，或是用保鮮膜稍微覆蓋，冷藏1天。食用前，請退冰15分鐘，風味較佳。

● 材料（約20份）

墨西哥巧克力奶油餡

全脂牛奶600毫升

糖100克

玉米粉3大匙

可可粉2大匙

肉桂粉1/2茶匙

海鹽1/4茶匙

蛋黃3顆

苦甜或半甜巧克力115克，切碎

香草精1/2茶匙

杏仁精1/2茶匙

泡芙麵糊1份（見第13頁）

糖粉3大匙

肉桂粉1茶匙

吉拿棒閃電泡芙 Churro Éclairs

吃了這個笛子形狀的閃電泡芙，就像在海邊木板道散步，或是到動物園去玩一樣開心，甚至更讚！

製作奶油餡：

把網篩放在一個乾淨的碗上，一旁備用。

把牛奶和50克糖放入中型半底深鍋裡，中火加熱攪拌至糖融化。

拿一個小碗，把剩下50克的糖、玉米粉、可可粉、肉桂粉、鹽混合均勻。放入蛋黃，攪拌均勻，擱置一旁備用。

把沸騰的120毫升牛奶混合物加入蛋黃混合物裡，再把蛋黃混合物倒回鍋裡剩下的牛奶中。（使用橡膠刮刀把碗裡的蛋黃刮乾淨。）轉小火或中小火，持續攪拌4到6分鐘，或是餡料開始變稠、表面開始冒泡。一旦表面開始冒泡，繼續煮1分鐘（記得持續攪拌），然後鍋子離火。

加入巧克力，攪拌至完全融化混合。拌入香草精和杏仁精。

使用橡膠刮刀或是木匙，把奶油餡篩進事先準備的碗中。在表層鋪上保鮮膜，防止乾燥。放置3小時至1天，完全冷卻。

烤箱預熱至攝氏200度/華氏400度，把兩張烤盤鋪上烘焙紙。

把泡芙麵糊裝入附有直徑2公分花嘴的擠花袋裡，花嘴和烤盤呈45度，擠出2公分寬、10公分長的形狀。每個泡芙間隔2.5至4公分。

烤15分鐘後，調降至攝氏190度/華氏375度（烤箱門打開3至5秒，溫度就會下降。如果你是兩張烤盤一起烤，記得要互換位置），再烤15分鐘。

拿一把尖銳刀子,沿著泡芙接近底層處刺一排小洞。把泡芙重新放回烤箱,續烤10分鐘。出爐後,把泡芙置於室溫冷卻至手能觸摸的溫度。你可以直接放在烤盤上冷卻,或是移動到冷卻架。

奶油餡使用前攪打至濃稠柔滑狀態,然後以下列任一種方式填入閃電泡芙。

把泡芙切成上下兩半,用擠花袋或是湯匙填入內餡——把冷卻後的閃電泡芙水平切成兩半,把附有圓形花嘴的擠花袋放入奶油餡,擠在下半片泡芙上。或者,直接用湯匙舀奶油餡。拿上半片泡芙外層沾糖霜,過量的糖霜請滴回重複使用。組合上下兩片泡芙即可完成。

保留完整的泡芙,擠入奶油餡——用尖銳刀子在兩端靠近底部的地方挖個小洞,把擠花袋裝上小型圓花嘴,裝滿奶油內餡,從其中一邊擠入,感覺內餡填滿一半空間後停止。你可以從手上泡芙的重量來判斷,或者用手輕壓泡芙中間,檢查奶油內餡是否已達一

半。另一邊的小洞也用相同方式擠入,完成後閃電泡芙便完全充滿內餡。把泡芙上層沾上糖霜,過量的糖霜請滴回重複使用。

無論選擇哪種方式,重複至所有閃電泡芙擠滿奶油餡為止。

拿一個小碗,把糖粉和肉桂粉混合均勻,撒在泡芙上。

泡芙完成後可立即食用,或是用保鮮膜稍微覆蓋,冷藏1天。食用前,請退冰15分鐘,風味較佳。

● 材料（約20份）　　香草馬斯卡彭餡　　　白色糖霜　　　　　｜ 熱水4至5茶匙

巧克力泡芙麵糊1份（見　　馬斯卡彭乳酪230克　　無鹽奶油55克，加　　**融化的巧克力，適量**
第13頁）　　　　　　　　　　　　　　　　　　　熱融化
　　　　　　　　　　　　糖粉40克　　　　　　　玉米糖漿1大匙
　　　　　　　　　　　　鮮奶油240毫升　　　　糖粉120克
　　　　　　　　　　　　香草精1大匙

黑白閃電泡芙 Black-and-White Éclairs

　　這種泡芙的外皮是使用巧克力口味的麵糊，內餡換成橘子焦糖奶油餡（見第45頁）或是威士忌奶油糖餡（見第28頁），都很適合。

烤箱預熱至攝氏200度/華氏400度，把兩張烤盤鋪上烘焙紙。

把泡芙麵糊裝入附有直徑2公分花嘴的擠花袋裡，花嘴和烤盤呈45度，擠出2公分寬、10公分長的形狀。每個泡芙間隔2.5至4公分。

烤15分鐘後，調降至攝氏190度/華氏375度（烤箱門打開3至5秒，溫度就會下降。如果你是兩張烤盤一起烤，記得要互換位置），再烤15分鐘。

拿一把尖銳刀子，沿著泡芙接近底層處刺一排小洞。把泡芙重新放回烤箱，續烤10分鐘。出爐後，把泡芙置於室溫冷卻至手能觸摸的溫度。你可以直接放在烤盤上冷卻，或是移動到冷卻架。

製作馬斯卡彭奶油餡：

把攪拌盆放入冰箱冷藏幾分鐘。使用桌上型攪拌機（槳形攪拌棒）或是手持攪拌機，把馬斯卡彭乳酪和糖粉放入冷藏後的攪拌盆裡，攪打至柔滑狀態。（如果你使用的是桌上型攪拌機，這時要換成球形攪拌棒。）加入鮮奶油和香草精，以低速攪打均勻，必要時用刮刀把盆邊的餡料刮至底下。轉至高速，打至濕性發泡。請勿攪打過度，否則餡料會結塊。（萬一不小心稍微攪打過度，可以加入2至3大匙鮮奶油，幫助餡料恢復柔滑。）馬斯卡彭奶油餡完成後，如果沒有要立即使用，可以密封冷藏幾個小時。

製作糖霜：

把融化的無鹽奶油、玉米糖漿、糖粉放在一個小淺盤，盤子寬度要比泡芙長度寬一點。攪拌至糖霜該有的流動狀態。（如果太稠了，再多加一些熱水，一次只加1/2茶匙慢

慢調整；如果太稀了，多加一點糖粉。）

馬斯卡彭奶油餡使用前再攪拌一下，讓結構恢復緊實再填入泡芙中，然後以下列任一種方式填入閃電泡芙。

把泡芙切成上下兩半，用擠花袋或是湯匙填入內餡——把冷卻後的閃電泡芙水平切成兩半，把附有圓形花嘴的擠花袋放入奶油餡，擠在下半片泡芙上。或者，直接用湯匙舀奶油餡。拿上半片泡芙外層沾糖霜，過量的糖霜請滴回重複使用。組合上下兩片泡芙即可完成。

保留完整的泡芙，擠入奶油餡——用尖銳刀子在兩端靠近底部的地方挖個小洞，把擠花袋裝上小型圓花嘴，裝滿奶油內餡，從其中一邊擠入，感覺內餡填滿一半空間後停止。你可以從手上泡芙的重量來判斷，或者用手輕壓泡芙中間，檢查奶油內餡是否已達一半。另一邊的小洞也用相同方式擠入，完成後閃電泡芙便完全充滿內餡。把泡芙上層沾上糖霜，過量的糖霜請滴回重複使用。

無論選擇哪種方式，重複至所有閃電泡芙擠滿奶油餡為止。最後在泡芙上淋上融化的巧克力。

冷藏10分鐘，讓糖霜凝固，之後可立即食用，或是用保鮮膜稍微覆蓋，冷藏1天。食用前，請退冰15分鐘，風味較佳。

抹茶奶油餡

全脂牛奶600毫升

糖100克

抹茶粉2茶匙

玉米粉3大匙

海鹽1/4茶匙

蛋黃5顆

香草精1/2茶匙

巧克力泡芙麵糊1份（見第13頁）

抹茶糖霜

無鹽奶油55克，加熱融化

玉米糖漿1大匙

糖粉120克

水4至5茶匙

抹茶粉1/2茶匙

適量抹茶粉，裝飾用

抹茶巧克力閃電泡芙
Matcha-Chocolate Éclairs

想在奶油餡和糖霜裡增添綠茶香味，烹飪用的抹茶是最佳選擇，再搭配巧克力的泡芙皮，簡直天作之合！

製作奶油餡：

把網篩放在一個乾淨的碗上，一旁備用。

把牛奶和50克糖放進中型平底深鍋，以中小火加熱至糖融化。牛奶開始冒出蒸氣後，加入抹茶粉攪拌均勻，然後鍋子離火。

拿一個小碗，把剩下的50克糖、玉米粉、鹽混合均勻。加入蛋黃，攪拌均勻。

把120毫升牛奶混合物加入蛋黃混合物裡，再把蛋黃混合物倒回鍋裡剩下的牛奶中。（使用橡膠刮刀把碗裡的蛋黃刮乾淨。）轉小火或中小火，持續攪拌4到6分鐘，或是餡料開始變稠、表面開始冒泡。一旦表面開始冒泡，繼續煮1分鐘（記得持續攪拌），然後鍋子離火。接著加入香草精，攪拌均勻。

使用橡膠刮刀或是木匙，把奶油餡篩進事先準備的碗中。在表層鋪上保鮮膜，防止乾燥。放置3小時至1天，完全冷卻。

烤箱預熱至攝氏200度/華氏400度，把兩張烤盤鋪上烘焙紙。

把泡芙麵糊裝入附有直徑2公分花嘴的擠花袋裡，花嘴和烤盤呈45度，擠出2公分寬、10公分長的形狀。每個泡芙間隔2.5至4公分。

烤15分鐘後，調降至攝氏190度/華氏375度（烤箱門打開3至5秒，溫度就會下降。如果你是兩張烤盤一起烤，記得要互換位置），再烤15分鐘。

拿一把尖銳刀子，沿著泡芙接近底層處刺

一排小洞。把泡芙重新放回烤箱，續烤10分鐘。出爐後，把泡芙置於室溫冷卻至手能觸摸的溫度。你可以直接放在烤盤上冷卻，或是移動到冷卻架。

製作糖霜：
把融化的無鹽奶油、玉米糖漿、糖粉放在一個小淺盤，盤子寬度要比泡芙長度寬一點。攪拌均勻後，加入水和抹茶粉，攪拌至糖霜該有的流動狀態。（如果太稠了，再多加一些熱水，一次只加1/2茶匙慢慢調整；如果太稀了，多加一點糖粉。）

奶油餡使用前攪打至濃稠柔滑狀態，然後以下列任一種方式填入閃電泡芙。

把泡芙切成上下兩半，用擠花袋或是湯匙填入內餡──把冷卻後的閃電泡芙水平切成兩半，把附有圓形花嘴的擠花袋放入奶油餡，擠在下半片泡芙上。或者，直接用湯匙舀奶油餡。拿上半片泡芙外層沾糖霜，過量的糖霜請滴回重複使用。組合上下兩片泡芙即完成。

保留完整的泡芙，擠入奶油餡──用尖銳刀子在兩端靠近底部的地方挖個小洞，把擠花袋裝上小型圓花嘴，裝滿奶油內餡，從其中一邊擠入，感覺內餡填滿一半空間後停止。你可以從手上泡芙的重量來判斷，或者用手輕壓泡芙中間，檢查奶油內餡是否已達一半。另一邊的小洞也用相同方式擠入，完成後閃電泡芙便完全充滿內餡。把泡芙上層沾上糖霜，過量的糖霜請滴回重複使用。

無論選擇哪種方式，重複至所有閃電泡芙擠滿奶油餡為止。最後趁糖霜尚未凝固前，灑上抹茶粉。

冷藏10分鐘，讓糖霜凝固，之後可立即食用，或是用保鮮膜稍微覆蓋，冷藏1天。食用前，請退冰15分鐘，風味較佳。

● 材料（約20份）

泡芙麵糊1份（見第13頁）

奶油餡1份

香草口味（第17頁）

鹽味焦糖口味（第68頁）

巧克力口味（第87頁）

巧克力糖霜1份（見第17頁）

冰凍閃電泡芙 Frozen Éclairs

　　冰淇淋三明治加上濃郁的冰棒，結果是什麼呢？冰凍閃電泡芙？冷凍過後的奶油餡，確實有類似卡士達醬的濃郁柔滑口感。小建議：冰凍泡芙最好冰冰的吃，解凍後可能會變形。

烤箱預熱至攝氏200度/華氏400度，把兩張烤盤鋪上烘焙紙。

把泡芙麵糊裝入附有直徑2公分化嘴的擠花袋裡，花嘴和烤盤呈45度，擠出2公分寬、10公分長的形狀。每個泡芙間隔2.5至4公分。

烤15分鐘後，調降至攝氏190度/華氏375度（烤箱門打開3至5秒，溫度就會下降。如果你是兩張烤盤一起烤，記得要互換位置），再烤15分鐘。

拿一把尖銳刀子，沿著泡芙接近底層處刺一排小洞。把泡芙重新放回烤箱，續烤10分鐘。出爐後，把泡芙置於室溫冷卻至手能觸摸的溫度。你可以直接放在烤盤上冷卻，或是移動到冷卻架。

奶油餡使用前攪打至濃稠柔滑狀態。用尖銳刀子在冷卻後的泡芙兩端靠近底部的地方挖個小洞，把擠花袋裝上小型圓花嘴，裝滿奶油內餡，從其中一邊擠入，感覺內餡填滿一半空間後停止。你可以從手上泡芙的重量來判斷，或者用手輕壓泡芙中間，檢查奶油內餡是否已達一半。另一邊的小洞也用相同方式擠入，完成後閃電泡芙便完全充滿內餡。把泡芙上層沾上糖霜，過量的糖霜請滴回重複使用。

把泡芙放回烤盤，先冷凍1小時。在個別泡芙底部包上蠟紙或烘焙紙，方便之後食用，然後把冷凍後的泡芙放入密封容器中，冷凍可保存1週。

變化：冷凍泡芙冰棒

把泡芙麵糊擠出2公分寬、5公分長的形狀，依序烘烤、冷卻、填奶油餡、沾糖霜。冷凍前，在每個泡芙上插入冰棒棍。

Profiteroles and Cream Puffs
小圓泡芙與奶油泡芙

法式脆皮泡芙的麵糊不只是能烤閃電泡芙！

接下來本書中會出現夾了冰淇淋的小圓泡芙，

或是表皮有一顆顆糖粒的珍珠糖泡芙，

麵糊全都和閃電泡芙相同。

唯一不同之處，是這些泡芙的形狀是大小不一的圓形，

烘烤後膨脹成漂亮的球體，內部可以包覆美味的水果和奶油。

中間挾著咖啡冰淇淋，

上層淋上巧克力的經典款泡芙，永遠不退流行。

其它像是泡芙甜甜圈（第84頁），

和靈感來自魏斯‧安德森導演的

巧克力泡芙塔（第87頁），則是較新潮的泡芙。

奶油泡芙最大的優點，是任何場合都適合。

可以是幫你贏得讚賞的重要場合甜點，

也可以是平日想吃就吃的小點心。

● 材料（約28份）

鹽味焦糖奶油餡

水120毫升

糖200克

鮮奶油120毫升

全脂牛奶480毫升

玉米粉3大匙

海鹽1/2茶匙

蛋黃5顆

香草精1/2茶匙

泡芙麵糊1份（見第13頁）

焦糖醬

糖400克

水120毫升

鮮奶油200毫升

香草精1/2茶匙

海鹽1/4茶匙

經典小圓泡芙 Classic Caramel Profiteroles

　　這種小泡芙可以搭配冰淇淋、奶油餡，或是微甜的鮮奶油，任君選擇！此材料約可做28個冰淇淋泡芙，你可能一次吃不完，請把還未填入內餡的泡芙密封冷凍，最久可保存一個月。欲使用前，請把冷凍或已解凍的泡芙放在烤盤上，以攝氏150度/華氏300度加熱10分鐘。

製作奶油餡：

把網篩放在一個乾淨的碗上，一旁備用。

把水和150克糖放進中型平底深鍋，以小火加熱至糖融化。轉成大火，停止攪拌，煮5至7分鐘，直到糖開始焦化，變成琥珀色為止。過程請小心觀察，水一旦煮開，糖的溫度開始升高後，焦化速度會非常快。小心拌入鮮奶油（鍋內物可能會體積增加，濺撒出來），然後拌入牛奶，加熱至沸騰。

拿一個小碗，把剩下的50克糖、玉米粉、鹽混合均勻。放入蛋黃，攪拌均勻備用。

牛奶開始冒出蒸氣後，把120毫升牛奶混合物加入蛋黃混合物裡，再把蛋黃混合物倒回鍋裡剩下的牛奶中。（使用橡膠刮刀把碗裡的蛋黃刮乾淨。）以小火加熱，持續攪拌4

到6分鐘，或是餡料開始變稠、表面開始冒泡。一旦表面開始冒泡，繼續煮1分鐘（記得持續攪拌），然後鍋子離火。接著加入香草精，攪拌均勻。

使用橡膠刮刀或是木匙，把奶油餡篩進事先準備的碗中。在表層鋪上保鮮膜，防止乾燥。放置3小時至1天，完全冷卻。

烤箱預熱至攝氏200度/華氏400度，把兩張烤盤鋪上烘焙紙。

用擠花袋或是湯匙，把泡芙麵糊在預備好的烤盤上擠出直徑4公分的圓形，泡芙彼此間隔4公分。

烤15分鐘後，調降至攝氏190度/華氏375度（烤箱門打開3至5秒，溫度就會下降。如果

你是兩張烤盤一起烤，記得要互換位置），再烤15分鐘。

拿一把尖銳刀子，沿著泡芙接近底層處刺一排小洞。把泡芙重新放回烤箱，續烤5分鐘。出爐後，把泡芙置於室溫冷卻至手能觸摸的溫度。你可以直接放在烤盤上冷卻，或是移動到冷卻架。

製作焦糖醬：
把糖和水放入中型平底深鍋，以中火加熱，攪拌至糖融化。轉大火，停止攪拌，煮至沸騰。用乾淨的刷子沾冷水，偶爾將鍋邊的糖清理一下，防止從邊緣開始焦化。

用小鍋子把鮮奶油以小火稍微加熱。

糖沸騰後，繼續煮5至10分鐘，變成深琥珀色後離火。慢慢倒入溫熱的鮮奶油（小心內餡體積會因此增大），攪拌均勻。如果鍋底或邊緣有硬掉的焦糖，再以小火加熱讓糖溶解。接著加入香草精和鹽。

奶油餡使用前攪打至濃稠柔滑狀態，然後以下列任一種方式填入小圓泡芙。

湯匙——把冷卻後的小圓泡芙水平切成兩半，用湯匙舀入奶油餡，再蓋上另一半泡芙。

擠花袋——用尖銳刀子在底部挖個小洞，把擠花袋裝上小型圓花嘴，裝滿奶油內餡，從洞口擠入，直到感覺內部充滿內餡為止。

無論選擇哪種方式，重複至所有小圓泡芙擠滿奶油餡為止。

食用前，淋上溫熱的焦糖醬。

● 材料（約28份）

巧克力泡芙麵糊1份（見第13頁）

巧克力醬

| 苦甜或半甜巧克力230克，切碎

鮮奶油240毫升

香草精1/2茶匙

海鹽1/8茶匙

咖啡冰淇淋480毫升

巧克力小圓泡芙　Chocolate Profiteroles

　　這個小圓泡芙和那些作法繁複的甜點完全相反。事實證明，材料優質、滋味豐富的巧克力小圓泡芙，永不退流行。此材料約可做28個小圓泡芙，你可能會一次吃不完，請把還未填入內餡的泡芙密封冷凍，最久可保存一個月。欲使用前，請把冷凍或已解凍的泡芙放在烤盤上，以攝氏150度/華氏300度加熱10分鐘。

烤箱預熱至攝氏200度/華氏400度，把兩張烤盤鋪上烘焙紙。

用擠花袋或是湯匙，把泡芙麵糊在預備好的烤盤上擠出直徑4公分的圓形，泡芙彼此間隔4公分。

烤15分鐘後，調降至攝氏190度/華氏375度（烤箱門打開3至5秒，溫度就會下降。如果你是兩張烤盤一起烤，記得要互換位置），再烤15分鐘。

拿一把尖銳刀子，沿著泡芙接近底層處刺一排小洞。把泡芙重新放回烤箱，續烤5分鐘。出爐後，把泡芙置於室溫冷卻至手能觸摸的溫度。你可以直接放在烤盤上冷卻，或是移動到冷卻架。

製作巧克力醬：

把巧克力放在中型碗中。把鮮奶油倒入小型平底深鍋，以中火加熱至沸騰。把沸騰的鮮奶油倒入巧克力中，靜置1分鐘，接著攪拌至巧克力融化、醬汁柔滑為止。加入香草精和鹽攪拌均勻。（完成後立即使用，或是密封冷藏，最久可保存2週。使用前請用微波爐，或隔水重新加熱。）

把泡芙切成上下兩半，舀上一球冰淇淋，再把另一半蓋上。

食用前，淋上溫熱巧克力醬。

泡芙麵糊1份（見第13頁），使用前拌入1大匙巧克力豆

鮮奶油餡

瑞可達乳酪
（ricotta）230克

糖粉90克

肉桂粉1/4茶匙

橙皮，約中型2顆的量

香草精1茶匙

海鹽1/8茶匙

鮮奶油240毫升

苦甜或半甜巧克力100克，削碎

巧克力柳橙醬

苦甜或半甜巧克力230克，切碎

鮮奶油240毫升

橙皮1顆

香草精1/2茶匙

海鹽1/8茶匙

適量糖粉，裝飾用

巧克力豆小圓泡芙 Cacao Nib Profiteroles

這個泡芙靈感來自奶油捲，瑞可達奶油餡裡加了巧克力豆，一入口便融化。要把巧克力削碎很簡單，只要使用蔬果削皮刀即可。

烤箱預熱至攝氏200度/華氏400度，把兩張烤盤鋪上烘焙紙。

用擠花袋或是湯匙，把泡芙麵糊在預備好的烤盤上擠出直徑4公分的圓形，泡芙彼此間隔4公分。

烤15分鐘後，調降至攝氏190度/華氏375度（烤箱門打開3至5秒，溫度就會下降。如果你是兩張烤盤一起烤，記得要互換位置），再烤15分鐘。

拿一把尖銳刀子，沿著泡芙接近底層處刺一排小洞。把泡芙重新放回烤箱，續烤5分鐘。出爐後，把泡芙置於室溫冷卻至手能觸摸的溫度。你可以直接放在烤盤上冷卻，或是移動到冷卻架。

製作鮮奶油餡：

把一個中型攪拌盆放進冰箱冷藏。再拿一個中型碗，放入瑞可達乳酪和60克糖粉，攪拌均勻。加入肉桂粉、橙皮、香草精、鹽，拌勻，放置一旁備用。

把鮮奶油倒入冷藏後的攪拌盆，用攪拌器高速打至濕性發泡。加入剩下的30克糖粉，打至乾性發泡。

使用橡膠刮刀，把1/4鮮奶油拌入乳酪混合物裡，均勻後再拌入剩下的鮮奶油和巧克力。

製作巧克力柳橙醬：

把切碎的巧克力放在碗中。把鮮奶油和橙皮倒入小型平底深鍋，以中火加熱至沸騰。鍋

子離火，蓋上蓋子靜置30分鐘，讓鮮奶油完
全吸收柳橙香味。

把鮮奶油重新加熱至沸騰，再經由網篩過濾
倒入巧克力中，靜置1分鐘，接著攪拌至巧
克力融化，醬汁柔滑為止。加入香草精和鹽
攪拌均勻。

把泡芙切成上下兩半，舀上鮮奶油餡，再把
另一半蓋上。

食用前，在泡芙上撒糖粉，淋上溫熱巧克力
醬。

● 材料（約24份）

泡芙麵糊1份（見第13頁）

黑莓醬

新鮮或解凍黑莓455克（含果汁）

迷迭香1/2茶匙

海鹽1/8茶匙

糖100克

檸檬汁1大匙，視情況增量

香草馬斯卡彭奶油餡（見第59頁）

新鮮黑莓280克

適量糖粉，裝飾用

黑莓馬斯卡彭奶油泡芙
Blackberry-Mascarpone Cream Puffs

　　要是我有一片黑莓田，那麼夏日我會坐在戶外看著黑莓灌木，享用晚餐，至於餐後甜點絕對是這道泡芙。用不完的泡芙皮可以冷凍保存一個月，等到手邊有新鮮黑莓時，隨時都可以製作。解凍的泡芙皮使用前，先以攝氏180度/華氏350度加熱10分鐘，恢復酥脆。你可以隨心所欲，在每個泡芙上用幾根迷迭香裝飾。

烤箱預熱至攝氏200度/華氏400度，把兩張烤盤鋪上烘焙紙。

用擠花袋或是湯匙，把泡芙麵糊在預備好的烤盤上擠出直徑5公分的圓形，泡芙彼此間隔4公分。

烤15分鐘後，調降至攝氏190度/華氏375度（烤箱門打開3至5秒，溫度就會下降。如果你是兩張烤盤一起烤，記得要互換位置），再烤15分鐘。

拿一把尖銳刀子，沿著泡芙接近底層處刺一排小洞。把泡芙重新放回烤箱，續烤5分鐘。出爐後，把泡芙置於室溫冷卻至手能觸摸的溫度。你可以直接放在烤盤上冷卻，或是移動到冷卻架。

製作黑莓醬：
把網篩放在一個乾淨的碗上，一旁備用。

把黑莓、迷迭香、鹽放入食物處理機，打成果泥。使用橡膠刮刀，將果泥從網篩過濾到碗中，盡可能把果汁全壓出。完成後，拌入糖和檸檬汁，試吃後根據個人喜好來增加檸檬汁。

把泡芙水平切開，放在淺碗中，舀進馬斯卡彭奶油餡，接著在奶油餡上添加新鮮黑莓，淋上黑莓醬，再蓋上上半片泡芙，最後撒上糖粉。

完成後立即食用。

● 材料（約24份）

菊苣咖啡奶油餡

全脂牛奶600毫升

菊苣咖啡粉15克

糖100克

玉米粉3大匙

海鹽1/4茶匙

蛋黃5顆

香草精1/2茶匙

泡芙麵糊1份（見第13頁）

適量糖粉，裝飾用

紐奧良奶油泡芙 New Orleans Cream Puffs

據史密森尼學會記載，法國人從十九世紀就開始把菊苣根烘烤、磨粉，加入咖啡增添風味。內戰時期，由於咖啡短缺，路易斯安那州的民眾也開始採取這種替代方案，漸漸的大家愛上菊苣咖啡潛藏巧克力和焦糖香的甘醇滋味。知名「世界咖啡館」裡的菊苣咖啡還加上了鮮奶油，深深贏得從小喝到大的民眾歡心。如果光是咖啡和方形法式甜甜圈還無法滿足你的口腹之慾，試試在奶油泡芙裡填入菊苣咖啡鮮奶油。你需要一把網篩，才能將咖啡粉篩入牛奶中，或者用薄紗布替代也可以。

製作奶油餡：

把網篩放在一個乾淨的碗上，一旁備用。

把牛奶、咖啡和50克糖放進中型平底深鍋，以中小火加熱至糖融化。牛奶開始冒出蒸氣後，蓋上蓋子，鍋子離火，靜置10分鐘。

把牛奶混合物過篩至事先準備的碗中（咖啡渣請丟棄）。網篩使用後請確實清洗乾淨，置放於另一個乾淨的碗上。

把牛奶倒回鍋中，重新煮沸。

拿一個小碗，把剩下50克糖、玉米粉、鹽混合均勻，放入蛋黃，攪拌至光滑糊狀，放一旁備用。

牛奶開始冒出蒸氣後，把120毫升牛奶混合物加入蛋黃混合物裡，再把蛋黃混合物倒回鍋裡剩下的牛奶中。（使用橡膠刮刀把碗裡的蛋黃刮乾淨。）以中小火加熱，持續攪拌4到6分鐘，或是餡料開始變稠、表面開始冒泡。一旦表面開始冒泡，繼續煮1分鐘（記得持續攪拌），然後鍋子離火。接著加入香草精，攪拌均勻。

使用橡膠刮刀或是木匙，把奶油餡篩進乾淨的碗中。在表層鋪上保鮮膜，防止乾燥。放置3小時至1天，完全冷卻。

烤箱預熱至攝氏200度/華氏400度，把兩張
烤盤鋪上烘焙紙。

用擠花袋或是湯匙，把泡芙麵糊在預備好的
烤盤上擠出直徑5公分的圓形，每個泡芙間
隔4公分。

烤15分鐘後，調降至攝氏190度/華氏375度
（烤箱門打開3至5秒，溫度就會下降。如果
你是兩張烤盤一起烤，記得要互換位置），
再烤15分鐘。

拿一把尖銳刀子，沿著泡芙接近底層處刺
一排小洞。把泡芙重新放回烤箱，續烤5分
鐘。出爐後，把泡芙置於空溫冷卻至手能觸
摸的溫度。你可以直接放在烤盤上冷卻，或
是移動到冷卻架。

把泡芙水平切開放在淺碗中，舀進奶油餡，
再蓋上上半片泡芙，撒糖粉裝飾。

完成後立即食用。

● 材料（約12份）

泡芙麵糊1份（見第13頁）

糖漬水果

　覆盆子230克

藍莓230克

黑莓230克

糖65克

蘋果汁或柳橙汁60毫升

檸檬汁2大匙

香草莢1/2根

法式香草奶油餡

　法式酸奶油240毫升

　鮮奶油120毫升

　香草莢1/2根，取籽

糖粉30克

適量糖粉裝飾，或其他喜愛的食物（可省略）

夏日布丁泡芙 Summer-Pudding Puffs

　　傳統的夏日布丁，是把麵包放入糖漬莓果中，靜置一夜，充分吸收糖汁，食用前再加上鮮奶油。在這個泡芙食譜中，莓果會先用糖、香草、檸檬汁煮過，外觀呈現珠寶般光澤，然後放入奶油泡芙中，搭配法式酸奶油一起食用。你也可以使用冷凍莓果，只要從冷凍庫拿出後立即烹煮即可。由於泡芙裡有大量醬汁，食用時很容易弄髒衣服，請以淺盤盛裝，並用湯匙食用。

　　微甜的法式酸奶油可以平衡糖漬水果的甜味。在奶油裡加糖後，請務必試試甜度，如果你喜歡甜一點，可以再多加1至2大匙糖粉。

烤箱預熱至攝氏200度/華氏400度，把兩張烤盤鋪上烘焙紙。

用擠花袋或足湯匙，把泡芙麵糊在預備好的烤盤上擠出直徑6公分的圓形，彼此間隔4公分。

烤15分鐘後，調降至攝氏190度/華氏375度（烤箱門打開3至5秒，溫度就會下降。如果你是兩張烤盤一起烤，記得要互換位置），再烤15分鐘。

拿一把尖銳刀子，沿著泡芙接近底層處刺一排小洞。把泡芙重新放回烤箱，續烤5分鐘。出爐後，把泡芙置於室溫冷卻至手能觸摸的溫度。你可以直接放在烤盤上冷卻，或是移動到冷卻架。

製作糖漬水果：

在中型平底深鍋裡，放入覆盆子、藍莓、黑莓、糖、蘋果汁、檸檬汁、香草莢，以中小火烹煮，持續攪拌至糖完全溶解、莓果開始出汁，過程大約需3分鐘。快沸騰時，繼續煮2至3分鐘，此時莓果應該軟化，但尚維持整顆的樣貌，果汁顏色變深。把煮好的糖漬水果倒入碗中，放進冰箱1小時至1天，完全冷卻。

製作奶油餡：

把法式鮮奶油和香草籽倒入冰鎮過的碗中，
以高速攪打至濕性發泡。加入糖粉，繼續攪
打至乾性發泡。

把泡芙水平切開，放在淺盤中，舀進奶油
餡，接著在奶油餡上添加糖漬莓果和醬汁，
再蓋上上半片泡芙，最後撒上糖粉或是淋上
莓果醬汁。

完成後立即食用。

● 材料（約12份）

泡芙麵糊1份（見第13頁）

蘭姆酒濃縮咖啡焦糖醬

即溶濃縮咖啡粉1茶匙

黑蘭姆酒2大匙

香草精1/2茶匙

糖400克

水120毫升

鮮奶油200毫升

海鹽1/4茶匙

成熟香蕉2至3條，切成6公釐厚的薄片

香草冰淇淋480毫升

焦糖香蕉冰淇淋泡芙
Caramel-Banana Split Puffs

　　請選擇香氣濃郁、沒有損傷的成熟香蕉。如果你覺得香蕉就是要搭配巧克力，那麼可以不使用蘭姆酒濃縮咖啡焦糖醬，改用巧克力醬（見第70頁），或者兩種都用。

烤箱預熱至攝氏200度/華氏400度，把兩張烤盤鋪上烘焙紙。

用擠花袋或是湯匙，把泡芙麵糊在預備好的烤盤上擠出直徑6公分的圓形，泡芙彼此間隔4公分。

烤15分鐘後，調降至攝比190度/華氏375度（烤箱門打開3至5秒，溫度就會下降。如果你是兩張烤盤一起烤，記得要互換位置），再烤15分鐘。

拿一把尖銳刀子，沿著泡芙接近底層處刺一排小洞。把泡芙重新放回烤箱，續烤5分鐘。出爐後，把泡芙置於室溫冷卻至手能觸摸的溫度。你可以直接放在烤盤上冷卻，或是移動到冷卻架。

製作焦糖醬：

拿一個小碗，把即溶濃縮咖啡粉、蘭姆酒、香草精混合均勻備用。

在中型平底深鍋中，放入糖和水，用中火加熱至糖完全溶解。接著停止攪拌，轉成大火，煮至沸騰。拿支乾淨的刷子沾水，偶而將鍋邊的糖結晶刷掉。小心觀察鍋內情況，焦糖開始形成後，顏色會快速變深。

把鮮奶油倒入小鍋了中，以小火煮至溫熱。

糖沸騰後繼續煮5至10分鐘，變成琥珀色，然後鍋子離火。慢慢把溫熱鮮奶油倒入（請注意體積可能增大），攪拌均勻。如果鍋底或鍋邊有硬掉的焦糖，重新用小火加熱讓糖溶解。最後拌入濃縮咖啡混合物和鹽。

把泡芙水平切開，放在淺盤中，擺入香蕉片，加一杓冰淇淋，蓋上上半片泡芙，最後淋上溫熱焦糖醬。

剩餘的焦糖醬可倒在一旁沾用。

● 材料（約15份）　　　水240毫升　　　　　香草奶油餡（見第17　　彩色巧克力米
中筋麵粉140克　　　　無鹽奶油110克，切小塊　頁）
糖1大匙　　　　　　　蛋4顆　　　　　　　　巧克力糖霜（見第17
海鹽1/2茶匙　　　　　　　　　　　　　　　頁）

泡芙甜甜圈　Baked Choux Donuts

　　泡芙甜甜圈會像可拿滋（可頌和甜甜圈的綜合體）一樣，成為下一股風潮嗎？我投「是」一票。這種滿是奶油餡的環狀泡芙，就像是做成甜甜圈形狀的閃電泡芙一樣，本書中所有奶油餡和糖霜都適用。

烤箱預熱至攝氏200度/華氏400度，把兩張烤盤鋪上烘焙紙。

拿一個小碗，把麵粉、糖和鹽攪拌均勻，放一旁備用。

把水和無鹽奶油放入中型平底深鍋裡，以中火加熱。待奶油融化後，煮至沸騰，便可離火。加入麵粉混合物，用木匙快速攪拌，最後呈光滑麵團狀。鍋子重回爐子上，以小火煮1分鐘，過程需不斷攪拌，以免燒焦。完成後離開爐火，冷卻5分鐘。

加入一顆蛋，用木匙快速攪拌，讓蛋液均勻混合。一開始麵糊會有點分離、結塊，別嚇到了！只要持續攪拌，最終仍會重回光滑的模樣。把剩下的蛋一次一顆加入，混合均勻，4顆蛋都完成後，便成為光滑的基本麵糊。最後再快速攪拌幾秒鐘，麵糊便可以使用。

把泡芙麵糊裝入附有直徑2公分花嘴的擠花袋裡，擠出直徑約6公分的圓環。用手指沾水，把麵糊修整光滑。

烤15分鐘後，調降至攝氏190度/華氏375度（烤箱門打開3至5秒，溫度就會下降。如果你是兩張烤盤一起烤，記得要互換位置），再烤15分鐘。

取出烤箱內的泡芙甜甜圈，拿一把尖銳刀子，沿著泡芙甜甜圈接近底層處刺一排小洞。把泡芙甜甜圈重新放回烤箱，續烤10分鐘。出爐後，放至完全冷卻。

把泡芙甜甜圈水平切開，填入奶油餡。上半片泡芙沾上糖霜，多餘的糖霜請滴回重複使用。組合兩片泡芙，最後灑上彩色巧克力米。冷藏10分鐘至1天，讓糖霜凝固。食用前在室溫退冰15分鐘，口感較佳。

● 材料（約48份）　　　水240毫升　　　　　　鮮奶油2大匙

中筋麵粉140克　　　　無鹽奶油110克，切小塊　珍珠糖100克

糖1大匙　　　　　　　罐裝南瓜泥60克

海鹽1/2茶匙　　　　　全蛋4顆，再加蛋黃1顆

南瓜珍珠糖泡芙 Pumpkin Chouquettes

　　所謂的珍珠糖泡芙，就是在一般泡芙麵糊上層，撒上美麗的白色珍珠糖。一般珍珠糖泡芙是沒有內餡的，不過這個南瓜風味的泡芙皮，很適合搭配蘭姆酒口味的奶油餡。如果你從未使用過珍珠糖，下次到烘焙材料行可以找一找，買些回家。IKEA有時候會販售，或者需要上網尋找。無論是烤餅乾、水果法式烘餅，或是早餐麵包都可以點綴使用。

烤箱預熱至攝氏200度/華氏400度，把兩張烤盤鋪上烘焙紙。

拿一個小碗，把麵粉、糖和鹽攪拌均勻，放一旁備用。

把水和無鹽奶油放入中型平底深鍋裡，以中火加熱。待奶油融化後，煮至沸騰，便可離火。加入麵粉混合物和南瓜泥，用木匙快速攪拌，最後呈光滑麵團狀。鍋子重回爐子上，以小火煮1分鐘，過程需不斷攪拌，以免燒焦。完成後離開爐火，冷卻5分鐘。

加入一顆蛋，用木匙快速攪拌，讓蛋液均勻混合。一開始麵糊會有點分離、結塊，別嚇到了！只要持續攪拌，最終仍會重回光滑的模樣。把剩下的蛋一次一顆加入，混合均勻，4顆蛋都完成後，便成為光滑的基本麵糊。最後再快速攪拌幾秒鐘，讓所有蛋液完全均勻融合。

把一顆蛋黃和鮮奶油攪拌均勻，放置一旁備用。

把泡芙麵糊擠出直徑約2.5公分的圓球，在每個泡芙上刷蛋黃鮮奶油液，再撒上珍珠糖。

烤10分鐘後，調降至攝氏190度/華氏375度（烤箱門打開3至5秒，溫度就會下降。如果你是兩張烤盤一起烤，記得要互換位置），再烤10分鐘。

取出烤箱內的珍珠糖泡芙，拿一把尖銳刀子，沿著泡芙接近底層處刺一排小洞。把珍珠糖泡芙放回烤箱續烤5分鐘。出爐後，稍微冷卻至手能觸摸的溫度，立即食用。

小圓泡芙與奶油泡芙

● 材料（約8份）

巧克力奶油餡

全脂牛奶600毫升

糖100克

玉米粉3大匙

可可粉2大匙

海鹽1/4茶匙

蛋黃3顆

苦甜或半甜巧克力115克，切碎

香草精1/2茶匙

泡芙麵糊1份（見第13頁）

彩色糖霜

無鹽奶油110克，加熱融化

玉米糖漿2大匙

糖粉240克

溫水120毫升

食用色素，任選三種顏色

皇家糖霜

糖粉180克

蛋白粉2大匙

溫水1至2大匙

淡藍色食用色素1至2滴（可省略）

巧克力泡芙塔 Courtesans au Chocolat

呼叫所有魏斯・安德森（Wes Anderson）導演的粉絲！有多少人看完《歡迎光臨布達佩斯大飯店》（The Grand Budapest Hotel），立刻衝回家試做電影裡那個源自孟德爾時代、搖搖欲墜、名叫巧克力泡芙塔的刮點？如果你還沒有做過，現在就動手完成這道美麗的甜點吧！沾了彩色糖霜的泡芙裡，充滿了巧克力奶油餡，然後疊成了高塔。你可以在組合前，事先在泡芙裡擠滿奶油餡，沾上糖霜，然後冷藏保存幾個小時。

這道甜點需要三種不同尺寸的泡芙，每種尺寸需要九顆，完成後是八個泡芙塔（多烤一顆是減少形狀不完美的機率）。雖然尺寸不同，但是可以一同擠在同張烤盤，烘焙時間是一樣的。

製作奶油餡：

把網篩放在一個乾淨的碗上，一旁備用。

把牛奶和50克細砂糖放進中型平底深鍋，以中小火加熱攪拌至糖融化。

拿一個小碗，把剩下50克的細砂糖、玉米粉、可可粉、鹽混合均勻。放入蛋黃，攪拌成光滑麵糊備用。

牛奶開始冒出蒸氣後，把120毫升熱牛奶加入蛋黃混合物裡，再把蛋黃混合物倒回鍋裡剩下的牛奶中。（使用橡膠刮刀把碗裡的蛋黃刮乾淨。）轉小火，持續攪拌4到6分鐘，或是餡料開始變稠、表面開始冒泡。一旦表面開始冒泡，繼續煮1分鐘（記得持續攪拌），然後鍋子離火。加入切碎的巧克力，攪拌至完全融化，再加入香草精拌勻。

使用橡膠刮刀或是木匙，把奶油餡篩進事先準備的碗中。在表層鋪上保鮮膜，防止乾燥。放置3小時至1天，完全冷卻。

烤箱預熱至攝氏200度/華氏400度，把兩張烤盤鋪上烘焙紙。

把泡芙麵糊擠出9個直徑5公分圓球、9個直徑4公分圓球、9個直徑2.5公分圓球（尺寸不須太精準，只要能確實分出大中小即可）。大型和中型的泡芙麵糊如果有尖凸，用手指沾水抹平（由於完成後必須一個個疊起來，所以請避免有尖凸）。

烤15分鐘後，調降至攝氏190度/華氏375度（烤箱門打開3至5秒，溫度就會下降。如果你是兩張烤盤一起烤，記得要互換位置），再烤15分鐘。

拿一把尖銳刀子，沿著泡芙接近底層處刺一排小洞。把泡芙重新放回烤箱，續烤5分鐘。出爐後，把泡芙置於室溫冷卻至手能觸摸的溫度。你可以直接放在烤盤上冷卻，或是移動到冷卻架。

要是你的中型和大型泡芙依舊有尖凸，請用鋸齒刀切掉泡芙頂端薄薄一層。不要切進泡芙中空的內部，只須切平面方便堆疊即可。

奶油餡使用前請再次攪拌，然後裝進附有直徑6公釐花嘴的擠花袋裡。用一把水果刀，在每個泡芙底部挖一個小洞，從洞口擠入奶油餡。完成後的泡芙放在烤盤上備用。

製作彩色糖霜：

在小型平底深鍋裡，加入融化奶油、玉米糖漿、糖粉，以小火加熱，攪拌均勻。加入水拌勻，直到整體有光澤為止。成品應該是流動的液態，但不會太稀，能裹在泡芙外層的程度。（如果太濃稠，加入熱水攪拌，一次只加1/2茶匙，慢慢調整；如果太稀，可多加一點糖粉。）把糖霜分成三等份，裝在小碗中，每一碗加入1至2滴不同的食用色素。

把泡芙頂端沾上糖霜，多餘的糖霜請滴回碗裡重複使用。完成後的泡芙放回烤盤上，冷

藏10分鐘，讓糖霜凝固。

製作皇家糖霜：
把糖粉、蛋白粉、水、食用色素（可省略）
放入一個中型碗拌勻，使用電動攪拌器或手
持攪拌器，以高速攪拌至光滑濃稠狀（如果
太稀，可多加一點糖粉；如果太濃稠，多加
幾滴水）。把完成後的皇家糖霜裝進擠花袋
或是密封袋中，務必密封，並在尖端剪個小
洞。

拿一個大泡芙，在上方擠上皇家糖霜，然後
疊上中型泡芙。你可以在中型泡芙底部也擠
上糖霜，幫助黏合。接著在中型泡芙上方擠
上皇家糖霜，然後疊上小泡芙。小泡芙底部
也可以擠上糖霜，幫助黏合。完成的泡芙塔
放回烤盤，繼續完成剩下的泡芙塔。把泡芙
塔冷藏10分鐘至1天，讓糖霜完全凝固。

Gougères and Savory Snacks

乳酪泡芙

乳酪泡芙的作法，

是在基本麵糊裡加入乳酪──

鹹鹹的乳酪味很適合當作開胃菜。

基本上乳酪泡芙使用的是瑞士葛瑞爾乳酪，

不過只要是滋味豐富的硬乳酪都可以。

乳酪泡芙有多種呈現方式，除了可以當出爐即食的開胃菜，

也可以夾入其他開胃菜，當成派對小點心，

或是當成點心與輕食，甚至可以當配菜。

只要是麵包可以用得上的餐點，

都能以乳酪泡芙代替！

● 材料（約24份）　　　蛋4顆

中筋麵粉140克　　　葛瑞爾乳酪85克，削碎

海鹽1/4茶匙　　　　現削帕瑪森乳酪3大匙

水240毫升

無鹽奶油85克，切小塊

經典乳酪泡芙　Classic Gougères

　　這道讓人上癮的泡芙，就像小廚房裡的魔法，口味輕盈，滋味卻非常豐富，是麵包或脆餅的絕佳替代品，適合搭配湯和沙拉，或是在準備晚餐時，配紅酒和橄欖當成餐前點心。泡芙出爐後最好立刻食用，此時味道和口感最佳。出爐後只要把烤盤斜拿，泡芙就能順利滑進鋪了餐巾的餐籃裡。如果你想事先烤好，可以等泡芙完全放涼後，冷凍保存長達一個月。食用前，用攝氏180度/華氏350度加熱冷凍泡芙10分鐘。使用裝了擠花嘴的擠花袋可以確保泡芙大小一致，但用湯匙也可以。

烤箱預熱至攝氏200度/華氏400度，把兩張烤盤鋪上烘焙紙。

拿一個小碗，把麵粉和鹽攪拌均勻，放一旁備用。

把水和無鹽奶油放入中型平底深鍋裡，以中火加熱。待奶油融化後，煮至沸騰，便可離火。加入麵粉混合物，用木匙快速攪拌，最後呈光滑麵團狀。鍋子重回爐子上，以小火煮1分鐘，過程需不斷攪拌，以免燒焦。完成後離開爐火，冷卻5分鐘。

加入一顆蛋，用木匙快速攪拌，讓蛋液均勻混合。一開始麵糊會有點分離、結塊，別嚇到了！只要持續攪拌，最終仍會重回光滑的

模樣。把剩下的蛋一次一顆加入，混合均勻，4顆蛋都完成後，便成為光滑的基本麵糊。最後再快速攪拌幾秒鐘，讓所有蛋液完全均勻融合。加入兩種乳酪拌勻。

把泡芙麵糊擠出直徑5公分的圓形，泡芙彼此間隔4公分。

烤15分鐘後，調降至攝氏190度/華氏375度（烤箱門打開3至5秒，溫度就會下降。如果你是兩張烤盤一起烤，記得要互換位置），再烤15分鐘。

取出烤箱內的乳酪泡芙，拿一把尖銳刀子，沿著泡芙接近底層處刺一排小洞。把乳酪泡芙放回烤箱續烤5分鐘。出爐後立即食用。

● 材料（約24份）　　無鹽奶油85克，切小塊　　現削帕瑪森乳酪2大匙

中筋麵粉140克　　　罐裝南瓜泥3大匙　　　乾燥百里香葉1/2茶匙

海鹽1/4茶匙　　　　蛋4顆

水240毫升　　　　　葛瑞爾乳酪55克，削碎

南瓜葛瑞爾乳酪泡芙
Pumpkin-Gruyère Gougères

除了普通的麵包和餐包，你可以用這種泡芙搭配烤雞、火雞肉，或是一碗豐盛的濃湯。

烤箱預熱至攝氏200度/華氏400度，把兩張烤盤鋪上烘焙紙。

拿一個小碗，把麵粉和鹽攪拌均勻，放一旁備用。

把水和無鹽奶油放入中型平底深鍋裡，以中火加熱。待奶油融化後，煮至沸騰，便可離火。加入麵粉混合物和南瓜泥，用木匙快速攪拌，最後呈光滑麵團狀。鍋子重回爐子上，以小火煮1分鐘，過程需不斷攪拌，以免燒焦。完成後離開爐火，冷卻5分鐘。

加入一顆蛋，用木匙快速攪拌，讓蛋液均勻混合。一開始麵糊會有點分離、結塊，別嚇到了！只要持續攪拌，最終仍會重回光滑的模樣。把剩下的蛋一次一顆加入，混合均勻，4顆蛋都完成後，便成為光滑的基本麵糊。最後再快速攪拌幾秒鐘，讓所

有蛋液完全均勻融合。加入兩種乳酪和百里香，拌勻。

把泡芙麵糊擠出直徑約5公分的圓球，每個泡芙間隔4公分。

烤15分鐘後，調降至攝氏190度/華氏375度（烤箱門打開3至5秒，溫度就會下降。如果你是兩張烤盤一起烤，記得要互換位置），再烤15分鐘。

取出烤箱內的泡芙，拿一把尖銳刀子，沿著泡芙接近底層處刺一排小洞。把泡芙重新放回烤箱，續烤5分鐘。

出爐後立即食用。

● 材料（約24份）

中筋麵粉140克

海鹽片適量

水240毫升

無鹽奶油85克，切小塊

蛋4顆

葛瑞爾乳酪55克，削碎

藍乳酪30克，捏碎成小塊

現削帕瑪森乳酪3大匙

現磨黑胡椒適量

黑胡椒海鹽泡芙
Sea Salt and Cracked Black Pepper Gougères

　　這種充滿空氣感的乳酪泡芙，帶有一絲藍乳酪香氣，很適合當配菜。你也可以烤小一點，約直徑2.5公分大小，再夾上不同鹹味菜餚，就能當雞尾酒點心。

烤箱預熱至攝氏200度/華氏400度，把兩張烤盤鋪上烘焙紙。

拿一個小碗，把麵粉和1/4茶匙的鹽攪拌均勻，放一旁備用。

把水和無鹽奶油放入中型平底深鍋裡，以中火加熱。待奶油融化後，煮至沸騰，便可離火。加入麵粉混合物，用木匙快速攪拌，最後呈光滑麵團狀。鍋子重回爐子上，以小火煮1分鐘，過程需不斷攪拌，以免燒焦。完成後離開爐火，冷卻5分鐘。

加入一顆蛋，用木匙快速攪拌，讓蛋液均勻混合。一開始麵糊會有點分離、結塊，別嚇到了！只要持續攪拌，最終仍會重回光滑的模樣。把剩下的蛋一次一顆加入，混合均勻，4顆蛋都完成後，便成為光滑的基本麵糊。最後再快速攪拌幾秒鐘，讓所有蛋液完全均勻融合。加入三種乳酪拌勻。

把泡芙麵糊擠出直徑約5公分的圓球，每個泡芙間隔4公分。在每個泡芙上撒海鹽和黑胡椒。

烤15分鐘後，調降至攝氏190度/華氏375度（烤箱門打開3至5秒，溫度就會下降。如果你是兩張烤盤一起烤，記得要互換位置），再烤15分鐘。

取出烤箱內的泡芙，拿一把尖銳刀子，沿著泡芙接近底層處刺一排小洞。把泡芙重新放回烤箱，續烤5分鐘。

出爐後立即食用。

● 材料（約24份）

黃洋蔥3大顆

橄欖油2又1/2大匙

海鹽和現磨黑胡椒適量

乾燥百里香葉1/2茶匙

蘋果醋2大匙

經典乳酪泡芙1份（第92頁）

羊奶軟乳酪115克

法式洋蔥乳酪泡芙 French Onion Gougères

這道夾了焦糖洋蔥和羊奶乳酪的泡芙，適合當雞尾酒開胃菜，或是餐前配酒的點心。用不完的焦糖洋蔥可以做成三明治、漢堡，或是炒蛋。

洋蔥縱向切成兩半，去皮，再把每一半縱向切成細條（呈現長條片狀，而非半圓狀）。

在中型平底深鍋裡倒入橄欖油，以中小火加熱。放入洋蔥，以海鹽和黑胡椒調味烹煮5分鐘，讓洋蔥軟化。繼續煮25至40分鐘，頻繁攪拌，最後洋蔥會變成焦糖棕色（請仔細觀察。如果洋蔥變黏，顏色太深，加入1大匙水）。加入百里香和蘋果醋，繼續烹煮，過程中必須把鍋底焦化的洋蔥刮起。待醋煮至蒸發後即可。把洋蔥倒入碗裡，放

涼。（你可以前兩天就先把洋蔥煮好，使用前要先退冰至室溫，畢竟沒人想吃夾了冰洋蔥的乳酪泡芙！）

把乳酪泡芙橫向切成兩半，舀2茶匙的羊奶乳酪到下半片，加上1大匙洋蔥，然後蓋上上半片泡芙即完成。剩下的乳酪泡芙也以相同步驟完成。

請立即食用。

● 材料（約24份）

小蕃茄24顆，各切半

水牛乳酪球230克，
各切半

特級初搾橄欖油3大匙

巴薩米克醋3大匙

海鹽和現磨黑胡椒適量

經典乳酪泡芙（第92
頁）或黑胡椒海鹽泡芙
（第95頁）1份

新鮮碎羅勒7克

卡不里乳酪泡芙 Caprese Gougères

酥脆的泡芙裡，夾入能一口吃下的水牛乳酪，以及成熟的小蕃茄和羅勒葉，簡直像是夏日的戶外晚餐一樣美好。如果你想使用大顆的蕃茄，可以先去籽，再切成一口大小。

在中型碗裡，加入蕃茄和水牛乳酪球，倒入橄欖油和醋拌勻，再用海鹽和黑胡椒調味。靜置仟室溫15分鐘，醃製入味。

把乳酪泡芙橫向切成兩半，舀一些醃製蕃茄和水牛乳酪到下半片，撒上碎羅勒，然後蓋上上半片泡芙即完成。剩下的乳酪泡芙也以相同步驟完成。

請立即食用。

● 材料（約4份）

經典乳酪泡芙4顆（第92頁），使用巧達乳酪、羊奶乳酪、葛瑞爾乳酪都可以

橄欖油1又1/2大匙

大蒜1瓣，壓碎

小菠菜4把

蛋4顆

牛奶2大匙

海鹽和現磨黑胡椒適量

蔬菜炒蛋乳酪泡芙
Gougères with Scrambled Eggs and Greens

吃剩的乳酪泡芙非常適合用來做早餐三明治（雖然不太可能，但有時候還真的會有吃剩的乳酪泡芙）。這份食譜的材料可以視泡芙數量，隨心所欲增減。除了炒蛋和菠菜之外，如果你還有其他喜歡的食材，例如酪梨片或是烤蕃茄，一併夾進去吧。

把乳酪泡芙擺在烤盤上，以攝氏150度/華氏300度加熱10分鐘。

在中型長柄平底鍋裡，加入1大匙橄欖油，以中小火或中火加熱。油熱後，加入壓碎的大蒜，爆香1分鐘。蒜香冒出後，用夾子夾入菠菜，攪拌至菜軟化，然後把菠菜和大蒜夾到碗裡，放置一旁備用。鍋子使用後清洗擦乾。

拿一個小碗，放入雞蛋、牛奶、海鹽與胡椒，攪拌均勻。在鍋子裡倒入剩下的1/2大匙橄欖油，開中火加熱。倒入蛋液，用鍋鏟拌炒至你喜歡的熟度，鍋子便可離火。

把乳酪泡芙橫向切成兩半，舀一小匙菠菜到下半片，加上一匙炒蛋，然後蓋上上半片泡

芙即完成。剩下的泡芙也以相同步驟完成。

請立即食用，或是用烘焙紙包起來，即可帶出門。

● 材料（約24份）

鹽漬鱈魚乾340克

金黃馬鈴薯340克，去皮切片

大蒜4至5瓣，去皮壓碎

特級初榨橄欖油3大匙

溫熱鮮奶油60毫升

海鹽和現磨黑胡椒適量

新鮮檸檬汁，視情況選用

經典乳酪泡芙1份（第92頁）

鹽漬鱈魚乳酪泡芙 Salt Cod Gougères

　　這道泡芙裡有滿滿的鹽漬鱈魚和馬鈴薯泥，蒜味濃郁，口感綿密，最適合熱熱吃。除了食譜裡的作法，你還可以把鹽漬鱈魚內餡裝進抹了油的淺燉鍋裡，上頭淋一些橄欖油，然後以攝氏180度/華氏350度烤至中央變熱、邊緣微微焦黃為止。把烤過的內餡和溫熱的乳酪泡芙一同端上桌，讓客人自行動手夾內餡。煮過的鹽漬鱈魚已經有鹹度，所以務必先嚐嚐味道，再決定是否加鹽。

用流動的冷水沖洗鹽漬鱈魚，再把洗好的魚切成5至6塊，放入碗中，加冷水蓋過鱈魚，冷藏24小時，中途必須換水2次。

用濾網把水濾掉。濾網使用後沖洗乾淨，放在乾淨的碗上，放一旁備用。

在大型平底深鍋裡加入約5公分高的水，以中火煮沸。放入鱈魚水煮8至12分鐘，讓魚肉變軟。用煎魚鍋鏟把鱈魚舀出水中，再用廚房紙巾把魚上的水分拍乾。去除魚皮和魚骨後，放一旁備用。

在中型平底深鍋裡，放入馬鈴薯、大蒜，以及足以蓋過食材的水量，以中火煮15分鐘、馬鈴薯變軟為止。把水用濾網濾進剛才準備的碗中，再把蔬菜放到另一個乾淨的碗裡。

把煮過的水放置一旁。

把鱈魚放到有馬鈴薯和大蒜的碗裡，一邊慢慢倒入橄欖油，一邊用搗泥器或是叉子粗略搗成泥狀。加入鮮奶油，攪拌至綿密馬鈴薯泥狀。視情況所需，可以加一些煮馬鈴薯的水。先試味道，再依喜好加入鹽、胡椒或檸檬汁。

把乳酪泡芙橫向切成兩半，舀一大匙鱈魚馬鈴薯泥到下半片，然後蓋上上半片泡芙即完成。剩下的乳酪泡芙也以相同步驟完成。

請立即食用。

● 材料（約24份）

美乃滋170克

新鮮荷蘭芹葉15克

大蒜1瓣

新鮮檸檬汁1至2大匙

海鹽和現磨黑胡椒適量

經典乳酪泡芙1份（第92頁）

罐裝烤西班牙紅椒6顆，切條狀

醃漬白鯷魚170克

醃鯷魚乳酪泡芙
Gougères with Cured Anchovies

　　抹了荷蘭芹蒜味沙拉醬的醃鯷魚三明治，讓人憶起在北加州岸邊享用點心飲料的時光。北加州同時也是鯡魚、鯷魚和沙丁魚這類油脂豐富的魚類的故鄉。

在食物處理機中，放入美乃滋、荷蘭芹、大蒜，和1大匙檸檬汁，攪拌至光滑糊狀。把打好的沙拉醬裝到碗裡，加鹽、胡椒和更多的檸檬汁調味。

把乳酪泡芙橫向切成兩半，在下半片放一匙沙拉醬，擺一兩片紅椒條，再放一條醃鯷魚，然後蓋上上半片泡芙即完成。剩下的乳酪泡芙也以相同步驟完成。

請立即食用。

● 材料（約24份）

橄欖油漬鮪魚230克

經典乳酪泡芙1份（第92頁）

水煮蛋10顆，去殼切片

尼斯橄欖或任何黑橄欖24顆，去核切半

苦苣1小把，沖洗乾淨，剪成5公分長

檸檬2顆，各切四等分

適量特級初搾橄欖油（可省略）

野餐乳酪泡芙 Picnic Gougères

　　這道泡芙三明治裡，夾了油漬鮪魚、水煮蛋和尼斯橄欖——經典法式組合。鮪魚和橄欖已有鹹味，所以不須另外加鹽調味，但還是請試過味道，再依個人喜好調整。另外如果你買的油漬鮪魚太乾，可以自行淋些橄欖油。

保留能讓鮪魚溼潤的油量，剩下的油瀝掉。
把鮪魚放進碗裡，用叉子搗碎。

把乳酪泡芙橫向切成兩半，在下半片放一大匙鮪魚、水煮蛋片、兩片切半的黑橄欖，以及一兩片苦苣，隨喜好淋上幾滴檸檬汁和橄欖油，然後蓋上上半片泡芙即完成。剩下的乳酪泡芙也以相同步驟完成。

請立即食用。

● 材料（約24份）　水240毫升　　　白色酸巧達乳酪85克，　火腿340克，切薄片
中筋麵粉140克　　無鹽奶油85克　　削碎　　　　　　　　小根醃黃瓜20至24根，
海鹽1/4茶匙　　　蛋4顆　　　　　　現削帕瑪森乳酪3大匙　縱向切半
　　　　　　　　　　　　　　　　　有籽芥末醬60克

酸巧達乳酪火腿泡芙
Sharp-Cheddar Gougères with Ham

　　這道泡芙可以依據食用時間不同，當成輕食或是開胃菜。如果你打算辦一場啤酒品酒會，這也是合適的點心。

烤箱預熱至攝氏200度/華氏400度，把兩張烤盤鋪上烘焙紙。

拿一個小碗，把麵粉和鹽攪拌均勻，放一旁備用。

把水和無鹽奶油放入中型平底深鍋裡，以中火加熱。待奶油融化後，煮至沸騰，便可離火。加入麵粉混合物，用木匙快速攪拌，最後呈光滑麵團狀。鍋子重回爐子上，以小火煮1分鐘，過程需不斷攪拌，以免燒焦。完成後離開爐火，冷卻5分鐘。

加入一顆蛋，用木匙快速攪拌，讓蛋液均勻混合。一開始麵糊會有點分離、結塊，別嚇到了！只要持續攪拌，最終仍會重回光滑的模樣。把剩下的蛋一次一顆加入，混合均勻，4顆蛋都完成後，便成為光滑的基本麵糊。最後再快速攪拌幾秒鐘，讓所有蛋液完全均勻融合。加入兩種乳酪拌勻。

把泡芙麵糊擠出直徑約5公分的圓球，每個泡芙間隔4公分。

烤15分鐘後，調降至攝氏190度/華氏375度（烤箱門打開3至5秒，溫度就會下降。如果你是兩張烤盤一起烤，記得要互換位置），再烤15分鐘。

取出烤箱內的泡芙，拿一把尖銳刀子，沿著泡芙接近底層處刺一排小洞。把泡芙重新放回烤箱，續烤10分鐘。出爐後，在室溫中放涼。

把乳酪泡芙橫向切成兩半，在下半片依序放芥末醬、火腿片、半片醃黃瓜，然後蓋上上半片泡芙即完成。剩下的乳酪泡芙也以相同步驟完成。

請立即食用。

● 材料（約24份）

中筋麵粉140克

西班牙辣椒粉1/2茶匙

海鹽片適量

水240毫升

無鹽奶油85克，切小塊

蛋4顆

曼徹格乳酪55克，削碎

現削帕瑪森乳酪3大匙

檸檬醬或無花果醬170克

西班牙火腿340克，切薄片

曼徹格乳酪火腿泡芙
Manchego Gougères with Ham

　　這道泡芙搭配一杯乾白葡萄酒和簡單的蔬菜沙拉，就是最佳享用方式。如果買不到檸檬醬，用無花果醬代替也可以。

烤箱預熱至攝氏200度/華氏400度，把兩張烤盤鋪上烘焙紙。

拿一個小碗，把麵粉、辣椒粉和1/4茶匙的鹽攪拌均勻，放一旁備用。

把水和無鹽奶油放入中型平底深鍋裡，以中火加熱。待奶油融化後，煮至沸騰，便可離火。加入麵粉混合物，用木匙快速攪拌，最後呈光滑麵團狀。鍋子重回爐子上，以小火煮1分鐘，過程需不斷攪拌，以免燒焦。完成後離開爐火，冷卻5分鐘。

加入一顆蛋，用木匙快速攪拌，讓蛋液均勻混合。一開始麵糊會有點分離、結塊，別嚇到了！只要持續攪拌，最終仍會重回光滑的模樣。把剩下的蛋一次一顆加入，混合均勻，4顆蛋都完成後，便成為光滑的基本麵

糊。最後再快速攪拌幾秒鐘，讓所有蛋液完全均勻融合。加入兩種乳酪拌勻。

把泡芙麵糊擠出直徑約5公分的圓球，每個泡芙間隔4公分。

烤15分鐘後，調降至攝氏190度/華氏375度（烤箱門打開3至5秒，溫度就會下降。如果你是兩張烤盤一起烤，記得要互換位置），再烤15分鐘。

取出烤箱內的泡芙，拿一把尖銳刀子，沿著泡芙接近底層處刺一排小洞。把泡芙重新放回烤箱，續烤10分鐘。出爐後，在室溫中放涼。

把乳酪泡芙橫向切成兩半，在下半片抹上檸檬醬，再加上一兩片摺疊起來的火腿片，然後蓋上上半片泡芙即完成。剩下的乳酪泡芙也以相同步驟完成。請立即食用。

● 材料（約24份） 烤牛肉340克，切薄片

美乃滋170克 小芝麻葉115克

辣根醬1/2至1茶匙

經典乳酪泡芙1份（第
92頁）

烤牛肉乳酪泡芙 Gougères with Roast Beef

這道配料豐盛的三明治泡芙很適合野餐，或是雞尾酒派對。如果你想做大一點的三明治泡芙，擠麵糊時，改成直徑6公分，配料的烤牛肉也加倍。

拿一個小碗，混合美乃滋和1/2茶匙辣根醬，試過味道後，再依喜好多加入1/2茶匙辣根醬，放一旁備用。

把烤牛肉薄片縱向切成一半或三等份，放一旁備用。

把乳酪泡芙橫向切成兩半，在下半片抹上美乃滋辣根醬，加上一兩片烤牛肉，以及一些小芝麻葉，然後蓋上上半片泡芙即完成。剩下的乳酪泡芙也以相同步驟完成。

請立即食用。

【Gooday 16】MG0016

閃電泡芙派對：黃金比例1：2：3，超簡單做出40款巴黎人氣甜點
Mon Cher Éclair: And Other Beautiful Pastries, including Cream Puffs, Profiteroles, and Gougères

作者 —— 雀芮緹‧費瑞拉 Charity Ferreira
攝影 —— 約瑟夫‧德里歐 Joseph De Leo
譯者 —— 陳思因
美術設計 —— 季曉彤（小痕跡設計）
總編輯 —— 郭寶秀
責任編輯 —— 陳郁侖
行銷業務 —— 力宏勳

發行人 —— 涂玉雲
出版 —— 馬可孛羅文化
　　　　104台北市民生東路2段141號5樓　　電話：02-25007696
發行 —— 英屬蓋曼群島商家庭傳媒股份有限公司城邦分公司
　　　　台北市中山區民生東路二段141號11樓
　　　　客服服務專線：(886)2-25007718; 25007719
　　　　24小時傳真專線：(886)2-25001990; 25001991
　　　　服務時間：週一至週五9:00～12:00；13:00～17:00
　　　　劃撥帳號：19863813　　戶名：書蟲股份有限公司
　　　　讀者服務信箱：service@readingclub.com.tw
香港發行所 —— 城邦（香港）出版集團有限公司
　　　　香港灣仔駱克道193號東超商業中心1樓
　　　　電話：（852）25086231　傳真：（852）25789337
　　　　E-mail：hkcite@biznetvigator.com
馬新發行所 —— 城邦（馬新）出版集團
　　　　Cite (M) Sdn. Bhd.(458372U)
　　　　41, Jalan Radin Anum, Bandar Baru Seri Petaling,
　　　　57000 Kuala Lumpur, Malaysia
　　　　電話：（603）90578822　傳真：（603）90576622
　　　　電子信箱：services@cite.com.my
輸出印刷 —— 中原造像股份有限公司
初版一刷 —— 2016年10月
定價 —— 380元（如有缺頁或破損請寄回更換）

Text © 2016 by Charity Ferreira.
Photographs © 2016 by Joseph DeLeo.
All rights reserved.
First published in English by Chronicle Books LLC,
San Francisco, California.
Traditional Chinese edition copyright: 2016
MARCO POLO PRESS , A DIVISION OF CITE
PUBLISHING LTD.

ISBN 978-986-93358-5-0
國家圖書館出版品預行編目(CIP)資料

閃電泡芙派對：黃金比例1：2：3，超簡單做出40
款巴黎人氣甜點/ 雀芮緹‧費瑞拉(Charity Ferreira)
著；陳思因譯. – 初版. – 臺北市：馬可孛羅文化出版
：家庭傳媒城邦分公司發行, 2016.10
112面；19x23公分
譯自：Mon cher eclair：And other beautiful pastries,
including cream puffs, profiteroles, and gougeres
ISBN 978-986-93358-5-0(平裝)

1.點心食譜

427.16　　　　　　　　　　　　　　105015888

mon cher
éclair

mon cher
éclair